Jens Hofschroer

Die Leerstandsproblematik in Deutschland am Beispiel der Einzelhandels- und Büroimmobilienentwicklung in Berlin, München und Köln

GRIN Verlag

Bibliografische Information der Deutschen Nationalbibliothek:

Die Deutsche Bibliothek verzeichnet diese Publikation in der Deutschen National-
bibliografie; detaillierte bibliografische Daten sind im Internet über http://dnb.d-
nb.de/ abrufbar.

Impressum:

Copyright © 2005 GRIN Verlag GmbH
Druck und Bindung: Books on Demand GmbH, Norderstedt Germany
ISBN: 978-3-638-67139-2

Dieses Buch bei GRIN:

http://www.grin.com/de/e-book/66413/die-leerstandsproblematik-in-deutschland-
am-beispiel-der-einzelhandels

GRIN - Your knowledge has value

Der GRIN Verlag publiziert seit 1998 wissenschaftliche Arbeiten von Studenten, Hochschullehrern und anderen Akademikern als eBook und gedrucktes Buch. Die Verlagswebsite www.grin.com ist die ideale Plattform zur Veröffentlichung von Hausarbeiten, Abschlussarbeiten, wissenschaftlichen Aufsätzen, Dissertationen und Fachbüchern.

Besuchen Sie uns im Internet:

http://www.grin.com/

http://www.facebook.com/grincom

http://www.twitter.com/grin_com

Universität Osnabrück

Fachbereich Geographie

SS 2005

15.12.2005

Referatsausarbeitung

Die Leerstandsproblematik in Deutschland am Beispiel der Einzelhandels- und Büroimmobilienentwicklung in Berlin, München und Köln

Seminar:

Studienprojekt II: Analyse der Einzelhandels- und Dienstleistungsstruktur

der Stadt Melle

Gliederung

Abbildungsverzeichnis:

1. Einleitung

Leerstände sind heutzutage immer häufiger zu beobachten und besitzen daher auch eine aktuelle Relevanz. Ungenutzte Flächen und Gebäude gehören in einer gewissen Weise als Reserveflächen zum Immobilienmarkt. Treten Leerstände jedoch vermehrt im Immobilienmarkt einer Region auf, so entstehen dadurch weit reichende Probleme. Diese Leerstandsproblematik ist nicht nur bei Büroflächen, sondern auch bei Flächen des Einzelhandels zu beobachten und ist Gegenstand dieser Ausarbeitung.

Zu Beginn der Ausarbeitung wird der Begriff „Leerstand" definiert und in Verbindung mit den möglichen Ursachen des Leerstandes erläutert. Anschließend wird eine Klassifizierung der Leerstände in die drei Bereiche Neubauleerstand, Fluktuationsleerstand und Sockelleerstand vorgenommen.

Im Vierten Punkt der Ausarbeitung wird die Situation im deutschen Einzelhandel und dem damit verbundenen Immobilienmarkt in aller Kürze vorgestellt. Darauf folgend werden die besonderen Marktstrukturen der Beispielstädte Berlin, Köln und München näher erläutert und veranschaulicht.

Nach der Betrachtung des Einzelhandelsmarktes richtet sich der Fokus auf den Büroimmobilienmarkt. Zu Beginn werden die Akteure auf dem Immobilienmarkt vorgestellt. Daraufhin folgt eine Begriffsklärung bezüglich des Büroflächenleerstandes und im Anschluss daran wird ein Einblick in den Büroimmobilienmarkt Deutschlands gegeben, welcher im Punkt 7 auf die Beispielstädte Berlin, Köln und München übertragen wird.

Im abschließenden Fazit werden die gewonnenen Erkenntnisse noch einmal kurz zusammengefasst und die Besonderheiten herausgestellt.

2. Leerstand und Leerstandsursachen

„Als Leerstand wird die Summe aller Geschäftsflächen bezeichnet, die zu einem bestimmten Erhebungszeitpunkt ungenutzt sind, zur Vermietung oder zum Verkauf an Eigennutzer angeboten werden und innerhalb von drei Monaten beziehbar sind" (deka Immobilien Glossar 2004).

Nach Trumpp (2005) sind Flächenleerstände auf vier Ursachengruppen zurückzuführen, die gleichzeitig eintreten oder sich gegenseitig beeinflussen. Zum einen sind es konjunkturelle Zyklen, welche für Leerstände verantwortlich gemacht werden. Diese Zyklen beziehen sich sowohl auf den „Anlagendruck" der Investoren, als auch auf die konjunkturelle Situation der Nachfrageseite.

Weiterhin kann der lange Zeitraum zwischen Planung und Realisierung einer Immobilie zu Leerständen führen, da sich die Nachfrage in diesem Zeitraum negativ verändert haben könnte. In diesem Zusammenhang können auch Überangebote aus einer zu optimistischen Marktprognose entstehen. Eine weitere Ursache des Leerstandes kann jedoch im Standort und dem Objekt selbst begründet sein. Diese beiden Aspekte können sowohl allein, als auch in Kombination einen Leerstand begründen. Neben Schwächen der Immobilie in den Bereichen Architektur, Alter und Mietpreisen, sind Standortmängel, wie z.B. schlechte Erreichbarkeit oder „trading down[1]" Prozesse in der Umgebung des Objektes für die Leerstandsentwicklung verantwortlich (vgl. Trumpp, 2005). Ein weiterer Aspekt bezieht sich auf den Nachfragerückgang. Dieser ergibt sich aus einer flächeneffizienteren Nutzung von Büroimmobilien und einer anhaltenden Kaufzurückhaltung der Bürger im Einzelhandel. Gerade im Einzelhandel wechseln viele Kunden zum Erlebniseinkauf auf die „grüne Wiese" oder kaufen preisbewusst ein und bevorzugen hierfür die Discount- und Fachmärkte „vor den Toren der Stadt". Die Frequenz in den Kernbereichen sinkt, da Discounteragglomerationen (Aldi, Lidl, Schlecker etc.) die potentiellen Kunden an der Peripherie abfangen. Seit 1990 wuchs die Verkaufsfläche im Einzelhandel um ca. 50% an.

---

[1] Trading down bedeutet eine Absenkung des Leistungsangebotes eines Handelsbetriebes. Das kann mehr oder weniger unbewusst in einem allmählichen Prozess geschehen, oder es handelt sich um eine gewollte strategische Neuausrichtung. Beim trading down besinnt man sich stärker auf die mittleren und unteren Preislagen und passt das Leistungsniveau dem allgemeinen Konsumklima entsprechend nach unten an. Dies kann auch durch den Aufbau oder Aufkauf einer Niedrigpreisschiene geschehen. (BBE Unternehmensberatung)

Demgegenüber stieg der Umsatz nur um gerade mal 8% an. Dieser Umsatz im Einzelhandel ist durch die anhaltende Kaufzurückhaltung der Bürger enorm geschrumpft.

Allein durch diese starken Umsatzeinbußen ist manche Insolvenz eines Einzelhändlers in Randlagen begründet, da sie die Mieten, welche sich in sehr guten Einzelhandelslagen zwischen 130 und 150 €/m² bewegen können, nicht mehr zahlen können. Durch diese Geschäftsaufgabe entsteht ein Leerstand, da die Verkaufsfläche ohne Nutzung ist und zur Weitervermietung frei steht.

Aber nicht nur durch hohe Mieten und einer enormen Kaufzurückhaltung der Bürger entsteht Leerstand. Eine weitere Möglichkeit des Leerstands kann durch eine ungeklärte Nachfolge entstehen. Geschäftsinhaber finden für die Weiterführung oder Weiternutzung ihres Geschäftes keinen Nachfolger in der eigenen Familie oder im Bekanntenkreis, da diese mit Mitte 60 in den Ruhestand wechseln wollen. Geeignete Nachfolger, mit identischer Geschäftsphilosophie, sind in der Regel schwer zu finden und erschweren somit den Fortbestand des Unternehmens.

3. Leerstandsklassifizierung

Eine Erweiterung zu den Leerstandsursachen aus Punkt 2, ist die Klassifizierung der ungenutzten Flächen. Leerstände lassen sich neben dem „Kriterium der Lage" auch noch durch weitere Kriterien klassifizieren. In diesem Zusammenhang spielen Gebäudealter, allgemeiner Zustand und die Objektgröße eine gewichtige Rolle (vgl. Trumpp, 2005).

Aufgrund dieser Kriterien werden Leerstände wie folgt eingeteilt:

> Neubauleerstand,

> Fluktuationsleerstand,

> Sockelleerstand.

Bei dem Neubauleerstand handelt es sich um neu errichtete und kernsanierte Gebäude und Flächen. Leerstände können hier vor allem in der Lage und dem Image der Umgebung begründet sein, denn je weniger die entsprechenden Lagen etabliert sind, umso größer ist die Gefahr eines mittel- oder langfristigen Leerstandes. Eine weitere Möglichkeit des Leerstandes ist in der Mietforderung des Eigentümers zu finden, dass sich die erwarteten Mietpreise als zu hoch erweisen und auf keine Nachfrage treffen. Es besteht jedoch auch die Möglichkeit, dass die Neuflächen auch bei akzeptablen Mietpreisen nicht vermietet werden können, da die allgemeine Flächennachfrage rückläufig ist.

Fluktuationsleerstand bezeichnet den Leerstand von schon ehemals vermieteten Flächen. Dieser Bestand an Leerflächen bezieht sich auf jedes Gebäudealter und auch auf jeglichen Zustand. Auch „gebrauchte" Flächen werden unter dem Begriff „Fluktuationsleerstand" erfasst, welche jedoch nicht länger als sechs Monate leer stehen.

Sockelleerstand fasst alle Flächen zusammen, welche aufgrund von Lage, Ausstattung, Zustand und Image in der vorliegenden Marktsituation nicht oder nur weit unter dem gedachten Mietpreis vermietet werden können. In machen Fällen erfolgt eine Vermietung weit unter der „Kostenmiete" (vgl. Trumpp, 2005).

Bei einem Nachfrageüberhang werden diese Flächen in der Regel zwar auch vermietet, jedoch fast ausschließlich an Existenzgründern, welche diese aber bei einer sich entspannenden Marktlage sofort wieder räumen.

4. Die Entwicklung des Einzelhandels in Deutschland

Der Einzelhandel in Deutschland ist durch verschiedene Trends gekennzeichnet. Neben einem flächenmäßigen Zuwachs ist auch ein Beschäftigungsrückgang zu beobachten. Durch die anhaltende Konsumzurückhaltung der Endverbraucher und dem dramatischen Flächenzuwachs sinkt die Flächenproduktivität im Einzelhandel.

Dieser enorme Zuwachs an Verkaufsflächen birgt die Gefahr eines Überangebotes an Flächen, da nicht überall wo neue Verkaufsareale entstehen auch eine entsprechende Nachfrage vorliegt. Daraus folgt in vielen Fällen eine Anpassung der Mietpreise nach unten und in manchen Fällen auch ein erhöhtes Aufkommen von leer stehenden Flächen und Gebäuden.

Des Weiteren resultiert aus einem zunehmenden Preiswettbewerb ein steigender Margendruck, welcher neben dem fehlenden Umsatz auch Einfluss auf die Liquidität des Einzelhändlers hat. Denn abgesehen von den laufenden Fixkosten, wie Miete und Energie, stehen für den Händler noch weitere Kosten an. Auch diese Tatsache ist ein Grund für einen Immobilientausch oder im schlimmsten Falle einer Geschäftsaufgabe.

Vor allem die Kauf- und Warenhäuser und der kleinbetriebliche Fachhandel sind die Verlierer dieser Entwicklung im Einzelhandel (vgl. Höhlich, 2005). Demgegenüber gewinnen Betriebsformen wie Discounter, Filialisten, Fachmärkte, Factory Outlet Center[2] und Nischenanbieter mit Fokussierung auf eine Zielgruppe immer mehr an Bedeutung (vgl. Anhang 1). Neben einer Gewinner- und Verliererverteilung im Bezug auf die Betriebsform gibt es diese auch im Bezug auf den Standort. Mangelnde Nachfrage und Leerstände sind vorwiegend in 1b-, Rand- und Nebenlagen zu beobachten (vgl. Deutsche Gesellschaft für Immobilienfonds (Degi Marktreport 2004)).

---

[2] In einem Factory Outlet Center werden Markenwaren direkt vom Hersteller bei Preisnachlässen bis zu 60% verkauft. Dabei handelt es sich in der Regel nicht um aktuelle Kollektionen, sondern um ältere Saisonware sowie B-Ware. (HVB Expertise, 2001)

Aber auch schrumpfende Regionen und nicht integrierte Standorte werden zu den Standorten gezählt, welche immer mehr an Bedeutung verlieren. Dagegen werden Standorte in Wachstumsregionen immer mehr nachgefragt. Diese Nachfrage konzentriert sich vor allem in den 1a Lagen großer Städte.

Da sich aber auch das Einkaufsverhalten der Bevölkerung immer mehr zum Erlebniseinkauf verlagert, nehmen auch die Shopping Center eine Gewinnerrolle ein.

Im Folgenden wird nun der Fokus auf die Immobilienentwicklung im Einzelhandel der Städte Berlin, Köln und München gerichtet und eventuell vorhandene Leerstandproblematiken aufgedeckt.

4.1 Die Entwicklung des Einzelhandels in der Beispielstadt Berlin

Durch den Zusammenschluss von Ost- und Westberlin entstanden vorwiegend in der Osthälfte Berlins neue Einzelhandelsflächen. Nach der Maueröffnung 1989 verdoppelte sich die Fläche innerhalb von zehn Jahren, so dass sich, nach Angaben der HVB Expertise, der Gesamtbestand an Einzelhandelsflächen mit ca. 3,36 Mio. m² beziffern lässt.

Ebenfalls lässt sich der Berliner Einzelhandel durch einen weiteren Flächenzuwachs charakterisieren und durch weitere Entwicklungen kennzeichnen. Vorwiegend sind hier ausländische Filialisten zu nennen, welche ausschließlich Flächen in den hoch frequentierten Lagen nachfragen (vgl. HVB Expertise, Berlin, 2001).

Dadurch entsteht eine erhöhte Konzentration auf zentrale Standorte, welche den Mietpreis noch weiter steigen lässt, da aufgrund der gewachsen Zentrenstruktur in Berlin nur noch ein begrenztes Angebot an Flächen in den Toplagen vorhanden ist. Gerade für moderne, flächenintensive Einzelhandelsformen ist das Flächenangebot stark begrenzt, so dass es zu einem Verdrängungswettbewerb kommt (vgl. HVB Expertise, Berlin, 2001).

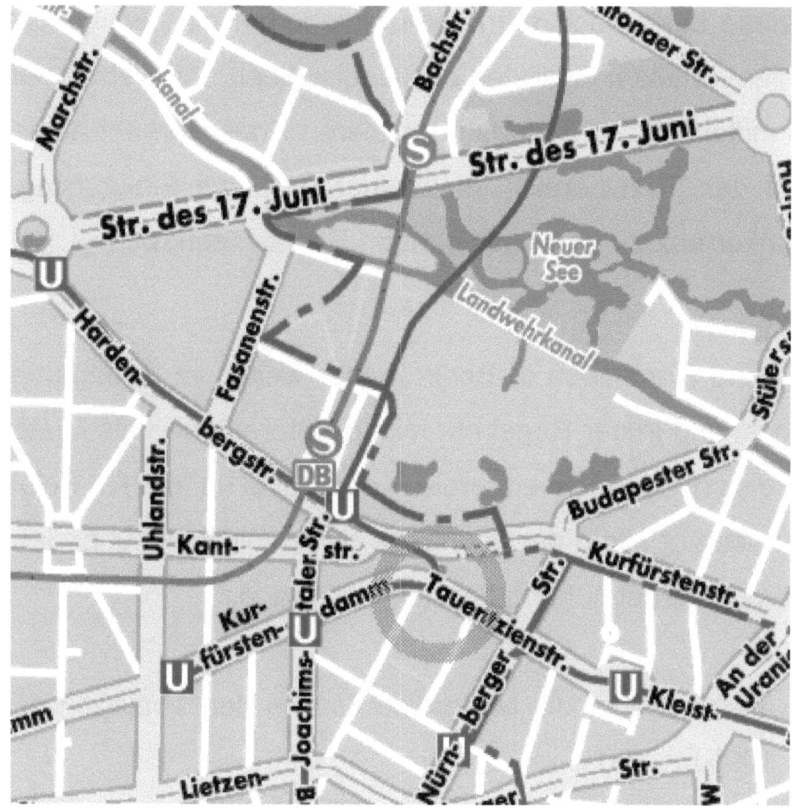

Abb.1: Tauentzienstraße und Ku´Damm in Berlin nach Maßstab 1: 20 000

Quelle: www.berlin.de

Die Abbildung 1 zeigt 1a Lagen in Berlin mit einer hohen Passantenfrequenz (roter Kreis). Auffällig ist, dass der Ku´damm und die Tauentzienstraße, als beste Lagen Berlins, nicht in einer Fußgängerzone liegen (HVB Expertise, Berlin, 2001). Nach dem „Blumenauer Frequenzbericht" werden in dieser Stadtlage mit etwa 8600 Personen pro Stunde die höchsten Passantenfrequenzen in Berlin gemessen.

Die Nachfrage dieser hoch frequentierten Lagen ist gerade von Unternehmen aus dem mittlerem Konsum- und Luxussegment konsequent hoch.

Berlin hat jedoch nicht nur in dem Gebiet um den Kurfürstendamm ein Zentrum, sondern besitzt zudem viele Hauptzentren mit überbezirklicher Bedeutung. Hier sind vor allem die Wilmersdorfer- und Schloßstraße zu nennen, welche allerdings nur im hoch frequentierten Bereich eine hohe Nachfrage erzielen und eine der wenigen Einkaufslagen innerhalb einer Fußgängerzone liegt.

11

Mit einer Spitzenpassantenfrequenz von 5700 Personen pro Stunde (vgl. Blumenauer Frequenzbericht 2000) besitzt diese Lage nach dem Kurfürstendamm die zweitgrößte Frequenz. Als Mieter treten hier vor allem Filialisten aus Deutschland auf, welche ein umfangreiches Angebot des mittelfristigen Bedarfs im mittleren Preissegment anbieten und sich vorwiegend auf den Textilbereich konzentrieren. Diese Einkaufslage steht jedoch in ständiger Konkurrenz zu den umliegenden Einkaufszentren (vgl. HVB Expertise, Berlin, 2001).

Demgegenüber verlieren 1b- und Randlagen in Berlin immer weiter an Bedeutung, da die Nachfrage sehr gering ist und in der Regel nur lokale Unternehmen als Mieter auftreten, weil sich die Mietpreise noch auf einem preiswerten Level halten. Als Folge daraus entstehen Leerflächen, da vor allem die Nachfrage durch Filialisten unbedeutend gering ist und dadurch das Angebot höher ist als die Nachfrage.

Die Abbildung 3 gibt einen Überblick über die Mietpreise €/m² in den Toplagen der Stadt Berlin im Zeitraum von 1995 bis 2003.

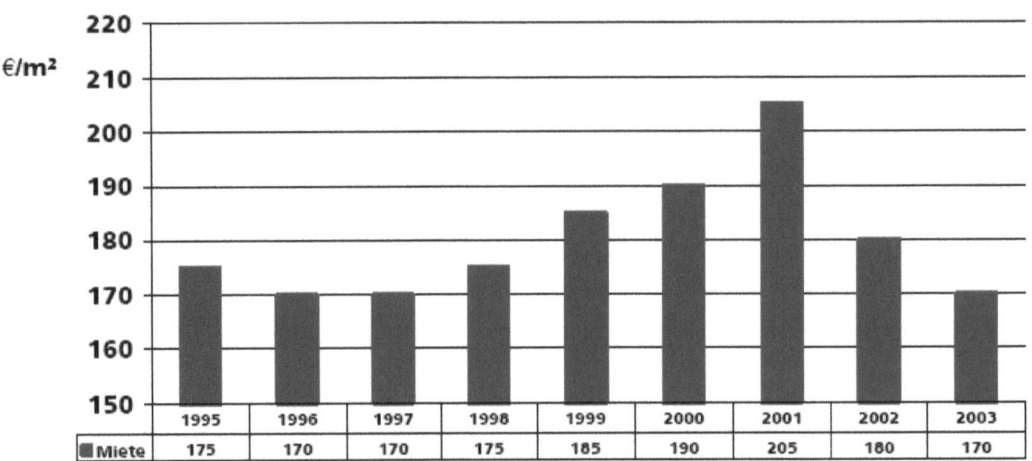

€/m²	1995	1996	1997	1998	1999	2000	2001	2002	2003
Miete	175	170	170	175	185	190	205	180	170

Abb. 2: Spitzenmiete pro m² in Berlin / Einzelhandel   Quelle: HVB Expertise 2004

Anhand dieser Grafik lassen sich Schwankungen in der Spitzenmiete erkennen, welche im Jahr 2001 mit 205 €/m² ihren Höchststand hatte und im Jahr 2003 auf 170 €/m² wieder gesunken ist. Dieser Preisnachlass lässt sich vorwiegend durch einen rückgängigen Umsatz erklären, da ein Großteil der Mietverträge über Umsatzmieten abgeschlossen wird (vgl. HVB Expertise, Berlin, 2001). Mit steigendem Umsatz wären demnach auch höhere Mietzahlungen fällig.

12

4.2 Die Entwicklung des Einzelhandels in der Beispielstadt Köln

Die Einzelhandelsentwicklung in Köln ist von der dominierenden Stellung Kölns in Nordrhein Westfalen geprägt. Nach dem „Kemper´s Marktreport" ist der Einzelhandel in Köln durch konstante Spitzenmieten in den Toplagen gekennzeichnet und besitzt mit der Kölner Schildergasse (siehe Abbildung 3) eine Einkaufsstraße mit der im bundesdeutschen Vergleich höchsten Passantenfrequenz. Das Maklerunternehmen Kemper´s beziffert diese mit 17.760 Passanten pro Stunde. Aus diesem Grund sind die Mietpreise in der Schildergasse sehr hoch und liegen im Vergleich zu anderen deutschen Städten im oberen Bereich.

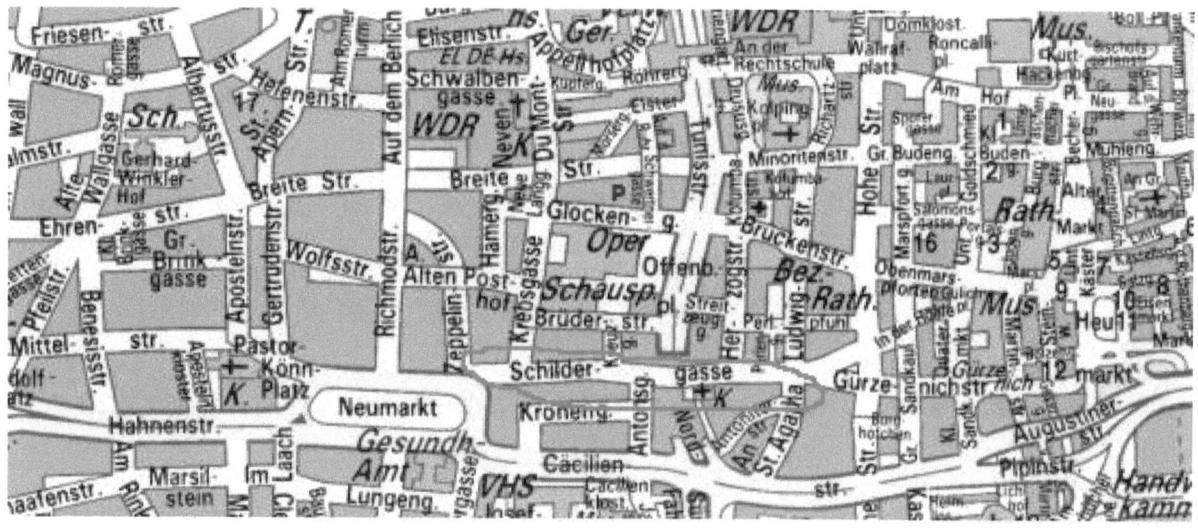

Abb. 3: Schildergasse in Köln (Ausschnitt aus Stadtplan, Maßstab 1:15.000)

Quelle: www.fg-koeln.nrw.de

Die Spitzenmieten belaufen sich etwa auf 190 - 200 €/m². Neben den Mietpreisen ist auch die Nachfrage an Flächen in der Schildergasse enorm hoch, so dass in diesem Bereich des Kölner Einzelhandels der Leerstand von Flächen und Gebäuden nur von äußerst geringer Dauer ist. Diese hohe Nachfrage trifft hier jedoch auf ein geringes Angebot, da es an größeren und geeigneten Flächen fehlt.

Überwiegend werden „Flagship Stores[3]" von einer Größe zwischen 300 und 800m² nachgefragt und angemietet. Köln besitzt jedoch neben der Schildergasse noch weitere bedeutende Einzelhandelsstandorte.

In diesem Zusammenhang sind die Hohe Straße, Ehrenstraße, Breite Straße und Mittelstraße zu nennen, welche durch einen erhöhten Filialisierungsgrad und einer erhöhten Fluktuation gekennzeichnet sind. In den besten Lagen liegt der Filialisierungsgrad bei ca. 90%. Die Mietpreise sind in diesen Teilen bei weitem nicht so hoch, wie in der Schildergasse, betragen jedoch auch vereinzelt bis zu 70 €/m².

Dem Nachfrageüberhang auf den 1a Lagen steht, wie auch in Berlin, eine mangelnde Nachfrage in den 1b- und Stadtrandlagen gegenüber. Für Flächen in den Randlagen werden laut Kemper's 35 - 40 €/m² je nach Standort verlangt. In den Stadtteilrandlagen lassen sich an den frequenzschwachen Orten die Einzelhandelsflächen nur schwer nach vermieten, da die klassischen Nachfrager, wie Drogeriemärkte und Gastronomie, in bessere Stadtteillagen drängen. Als Folge daraus fallen die Preise eher leicht, da der vorherrschende Leerstand die Vermieter zu Mietpreissenkungen oder Mietfreiheiten (Incentives[4]) zwingt (vgl. Degi Marktreport 2004).

4.3 Die Entwicklung des Einzelhandels in der Beispielstadt München

Die Stadt München gehört aufgrund ihrer enormen wirtschaftlichen Entwicklung zu einer der attraktivsten Einzelhandelsstandorte in Deutschland. Die allgemeine Marktsituation der Stadt München sieht nach Angaben der HVB Expertise so aus, dass sich der Einzelhandel neben einer dominierenden City in mehrere Stadtteil- und Fachmarktzentren aufteilt (vgl. Anhang 2).

---

[3] Unter einem Flagship store werden Ladenlokale mit einer Größe von bis zu 800 m² für Luxusanbieter und Ladeneinheiten von 2000 – 4000 m² für Anbieter des Konsumsegments verstanden. Flagship stores wurden zu Beginn dieses Trends vorwiegend von Textilfilialisten eröffnet. Als Standort für Flagship stores kommen nur 1a Lagen in Frage. (HVB Expertise, 2001)

[4] Das englische Wort „Incentive" bedeutet übersetzt „Anreiz". Vermieter geben potentiellen Mietern durch sog. Incentives in Form von Mietfreiheiten oder Mobiliar einen Anreiz, um ihr Objekt überhaupt vermieten zu können.

Das Angebot der flächenmäßig begrenzten Innenstadt ist besonders attraktiv für Anbieter des gehobenen Bedarfs. Aufgrund der begrenzten Fläche sind die Einzelhan-
delslokale in der City Mangelware. Vor allem in den hoch frequentierten Lagen Kaufingerstraße und Marienplatz sind Verkaufsflächen nur im Falle einer Betriebsaufga-
be zu bekommen (siehe Abbildung 4).

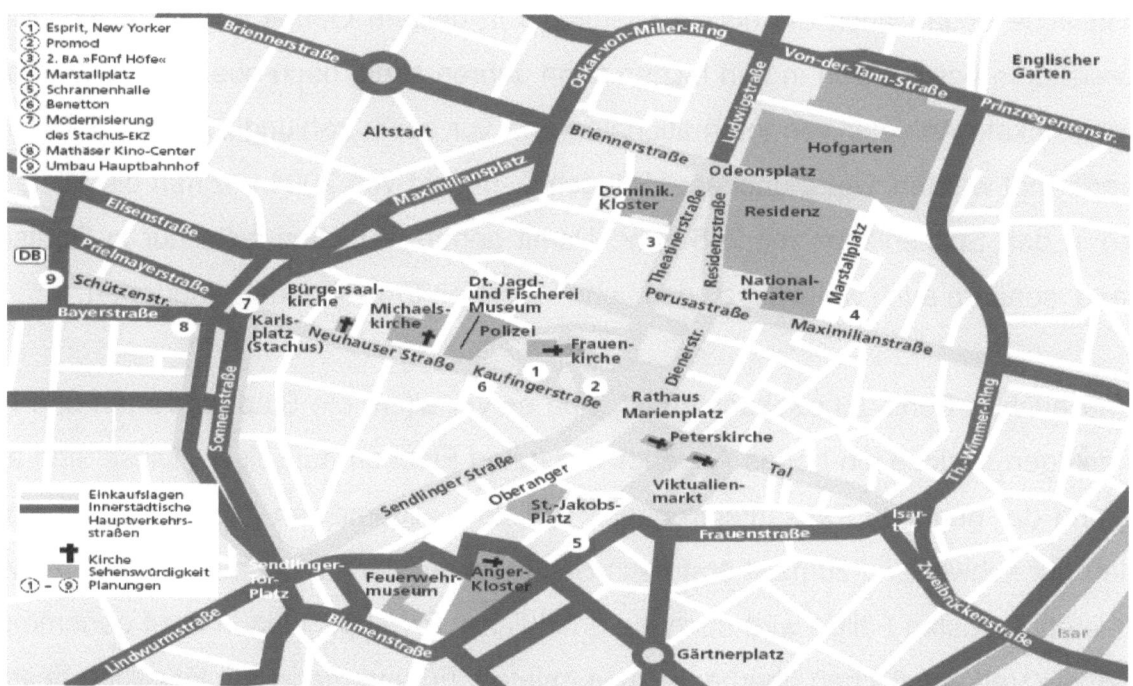

Abb.4: Einzelhandelslagen- und Vorhaben in der Münchener Altstadt (2001)
Quelle: HVB Expertise, Einzelhandel München, 2001

Daraus ergeben sich auch für diesen Bereich der Innenstadt kaum Leerstände. Insgesamt sind in der Innenstadt nur geringe Leerstände zu beobachten, welche nur
von kurzer Dauer sind, da insbesondere die Young- Fashion Filialisten hier dominie-
ren und in vielen Fällen auch suboptimale Flächen anmieten, um in München präsent
zu sein (vgl. HVB Expertise, München, 2001).

Aber nicht nur mit der Kaufingerstraße und dem Marienplatz besitzt die Stadt München einen ausgezeichneten Einzelhandelsstandort. Die Maximilianstraße ist eine
der angesehensten Luxuseinkaufsstraßen in Deutschland. Diese Luxusanbieter mieten eher kleine, exklusive Verkaufsflächen an, da für sie die Zahl der Touristen ein
bedeutendes Standortkriterium darstellt (vgl. Münchener Jahreswirtschaftsbericht 2004).

Die Nachfrage in Innenstadtlagen ist in München sehr hoch, da ausländische Filialisten diesen Standort für den Eintritt in den deutschen Markt aufgrund der hohen Einzelhandelszentralität[5] und der äußerst hohen Kaufkraft[6] der Bewohner bevorzugen.

Aufgrund dieser Eigenschaften des Standortes ist für viele internationale Filialisten, wie z.B. Esprit, eine Präsenz in diesen 1a Lagen der Innenstadt unerlässlich. Diese Tatsache erklärt auch die hohen Mietpreise in diesem Gebiet der Stadt. Die Mietpreiskurve bewegt sich in den letzten zehn Jahren stetig nach oben, so dass immer mehr lokale Anbieter von internationalen und vor allem zahlungskräftigen Filialisten verdrängt werden. Der Münchener Wirtschaftsbericht von 2004 beziffert die Mietpreise in den Spitzenlagen mit 245 €/m². Damit gehört München nicht nur in Deutschland, sondern auch weltweit, zu den zehn teuersten Einzelhandelsstandorten.

Wie auch in Berlin zu beobachten ist, sind es vor allem die Stadtrandlagen und Nebenlagen, welche ein hohes Angebot von freien Flächen aufweisen. Diese sind aufgrund der geringen Passantenfrequenz und dem allgemeinen Zustand der Immobilien nur schwer und zumeist erst nach Sanierungs- oder Umbaumaßnahmen zu vermieten. In vielen Fällen wird auch ein erheblicher Preisabschlag in Kauf genommen, um die Verkaufsflächen überhaupt zu vermieten. Für internationale Filialisten besteht kein Interesse an diesen Flächen, so dass hier vorwiegend lokale Einzelhändler Immobilien und Flächen nachfragen (vgl. HVB Expertise, München, 2001).

In Stadtteillagen ergibt sich ein ähnliches Bild, da die dortigen Ladenlokale mit 50 m² häufig zu klein für den Einzelhandel sind. Große Verkaufsflächen für Supermärkte sind kaum vorhanden oder aufgrund der hohen Preise wirtschaftlich nicht zu halten. In einigen wenigen Stadtteilzentren führt dieser Umstand zu Leerständen in den Haupteinkaufslagen.

---

[5] Anhand der Einzelhandelszentralität wird gemessen, ob einer Stadt Kaufkraft zu- oder abfließt. Dabei wird das Verhältnis von realisiertem Einzelhandelsumsatz zum vorhanden einzelhandelsrelevanten Kaufkraftpotential ermittelt. Werte über 100 signalisieren Kaufkraftzuflüsse. Werte unter bezeichnen Kaufkraftabflüsse. Die Zentralitätskennziffer für die Stadt München liegt bei 130,6 (2001).   (HVB Expertise, München, 2001)

[6] Die einzelhandelsrelevante Kaufkraft wird durch die Kaufkraftkennziffer gemessen, die das Gewicht der einzelnen Land- und Stadtkreise in Bezug auf das verfügbare Einkommen der dort lebenden Bevölkerung im bundesdeutschen Vergleich wiedergibt.   (HVB Expertise, München, 2001)

Zusammenfassend lässt sich für die Stadt München sagen, dass gerade in Toplagen Leerstände nahezu keine Rolle spielen. Demgegenüber fehlt es den Nebenlagen an einer breiten Nachfrage, so dass vorwiegend hier Leerstände auftreten.

5. Akteure auf dem Büroimmobilienmarkt

Auf dem Büroimmobilienmarkt treten neben dem Nutzer der Immobilie noch weitere Akteure innerhalb des Lebenszyklus einer Immobilie (vgl. Anhang 4) auf.

Zum Einen werden bei neuen Vorhaben Projektentwickler aktiv, welche „durch Projektentwicklungen die Faktoren Standort, Projektidee und Kapital so miteinander kombinieren, dass einzelwirtschaftlich wettbewerbsfähige, arbeitsplatzschaffende und – sichernde sowie gesamtwirtschaftlich sozial- und umweltverträgliche Immobilienprojekte geschaffen und dauerhaft rentabel genutzt werden können" (Diederichs, 1996).

Zum Anderen werden Immobilieninvestoren im Bauvorhaben miteingebunden. Diese Gruppe lässt sich in institutionelle und private Investoren einteilen. Institutionelle Anleger sind nach Trumpp (2005) geschlossene und offene Immobilienfonds, Versicherungen, Pensionskassen, Leasinggesellschaften und Immobilienaktiengessellschaften. Private Investoren können sich sowohl direkt, als auch indirekt am Immobilienmarkt beteiligen. Bei einer direkten Kapitalanlage liegen die Schwerpunkte bei innerstädtischen Büro- und Geschäftshäusern (vgl. Trumpp, 2005). Mit dem Erwerb von Anteilen an Immobilienfonds oder Aktien von Immobiliengesellschaften beteiligen sich die privaten Investoren indirekt (vgl. Trumpp, 2005).

Die Stellung eines Dritten nimmt der Immobilienmakler / -berater ein. Da auf dem Immobilienmarkt für den Nachfrager nur eine geringe Transparenz vorliegt, werden Makler eingeschaltet, welche als Vermittler zwischen Anbietern und Nachfragern fungieren und somit den Umsatz auf dem Immobilienmarkt durch ihre Dienstleistung fördern.

Entscheidenden Einfluss auf den Immobilienmarkt besitzen auch die Städte und die Kommunen. Durch Festsetzung einer Bauleitplanung für das Stadtgebiet werden bestimmte Nutzungen nur für vorher bestimmte Gebiete und Bereiche ermöglicht. Ferner wirken Erschließung und festgesetzte Bauhöhen auf die Grundstücksnutzung ein. Zudem können auch Städte und Kommunen als Eigentümer hochwertiger Grundstücke auf dem Immobilienmarkt eingreifen, indem sie die Fläche entweder weiter veräußern oder mit weiteren Investoren bebauen.

6. Büroflächenleerstand

Unter dem Büroflächenleerstand werden diejenigen Büroflächen verstanden, welche zu einem bestimmten Zeitpunkt tatsächlich leer stehen. Zusätzlich sind noch die nicht vermieteten Flächen in Neubauten sowie diejenigen Flächen hinzuzurechnen, die zur Untervermietung angeboten werden. Der Flächenleerstand setzt sich somit aus aktuell zur Nachmietung anstehenden, gebrauchten Flächen sowie Neubauflächen zusammen. In dieser Definition wird aber keine Aussage über die Bandbreite der Qualität der leer stehenden Flächen gemacht (Trumpp, 2005).

7. Der Büroimmobilienmarkt in Deutschland

Im deutschen Büroimmobilenmarkt zeichnet sich ein verstärktes Angebot an Büroimmobilien ab. Dieses Angebot trifft jedoch auf eine sinkende Nachfrage. Dieses Überangebot entsteht durch Projekte, die in Boomjahren geplant wurden und mit Aussicht auf Verkauf oder gute Vermietung errichtet wurden (vgl. Trumpp, 2005). Diese Gebäude kommen in der Situation einer konjunkturellen Schwächephase auf den Markt, so dass nicht alle Büroräume vermietet oder verkauft werden können und es so zu einem Angebotsüberhang kommt.

Nach Trumpp (2005) wird auf dem Immobilienmarkt von zyklischen Auf- und Abschwüngen ausgegangen. Zum Einen beziehen sich diese Schwankungen auf die allgemeinen wirtschaftlichen Veränderungen und zum Anderen auf die Besonderheiten des Immobilienmarktes selber (vgl. Anhang 4). Besonders der Faktor Zeit spielt in diesem Zusammenhang eine große Rolle.

Aufgrund des prozyklischen Verhaltens der Immobilienmarktbeteiligten kommt es zu Überproduktionskrisen oder Flächenmangelkrisen, so dass sowohl extrem niedrige, als auch extrem hohe Flächenleerstände enorme Gegenreaktionen hervorrufen (vgl.Trumpp, 2005).

Im Folgenden werden nun die Büroimmobilienmärkte der Städte Berlin, Köln und München genauer betrachtet.

7.1 Der Büroimmobilienmarkt in der Beispielstadt Berlin

Der Büroimmobilienmarkt spielte in Westberlin bis 1989 keine entscheidende Rolle. Sowohl Flächenangebot als auch Nachfrage lagen auf einem im bundesweiten Vergleich niedrigen Niveau. Dementsprechend gestaltete sich die Neubautätigkeit in geringem Maße und die Leerstandsrate lag auf einem gleich bleibenden unbedeutsamen Level (vgl. HVB Expertise, Berlin, 1998).

Nach dem Mauerfall und der Vereinigung von West- und Ostberlin veränderte sich die Situation nachdrücklich. Die Nachfrage überstieg das vorhandene Angebot an Gebäuden und Flächen. Als Folge des eingeschränkten Angebotes stiegen die Mietpreise in die Höhe und vervierfachten sich im Zeitraum 1989 bis 1992 (vgl. HVB Expertise, Berlin, 1998). Zu diesem Zeitpunkt (1992) lag die Leerstandsquote in Berlin bei unter einem Prozent.

Durch den Mangel an Flächen wurden neue Flächen und Gebäude erstellt, um die große Nachfrage zu decken. Im Jahre 1994 Überstieg das Angebot an Flächen zum ersten Mal die Nachfrage und die Leerstand betrug ca. 350 000m² (siehe Abb. 5).

In den Folgejahren kamen weitere Großprojekte auf den Markt, so dass in diesem Zeitraum der größte Flächenzuwachs in Berlin zu verzeichnen war. Dieser vollzog sich vor allem in den Bereichen Berlin Mitte und Tiergarten. Durch den großen Neuzugang an Büroflächen stieg auch gleichzeitig der Leerstand an, welcher sich zu Beginn nur auf alte, nicht mehr absetzbare Gebäude in Randlagen bezog und später auch neue Flächen betraf. Insgesamt betrug der Anteil der neuen Flächen rund 73% vom Gesamtleerstand (vgl. HVB Expertise, Berlin, 1998).

Gegenüber dem Leerstand stieg aber auch die Vermietungsleistung an und erreichte in den Jahren 1995 bis 2001 einen Wert von über 400 000 m² (siehe Abb. 5).
Nach Angaben der Expertise bestanden die Vermietungen im Jahr 1997 zu zwei Dritteln aus Umzügen innerhalb des Stadtgebietes und nur ein drittel aus einer echten Flächenabsorption.

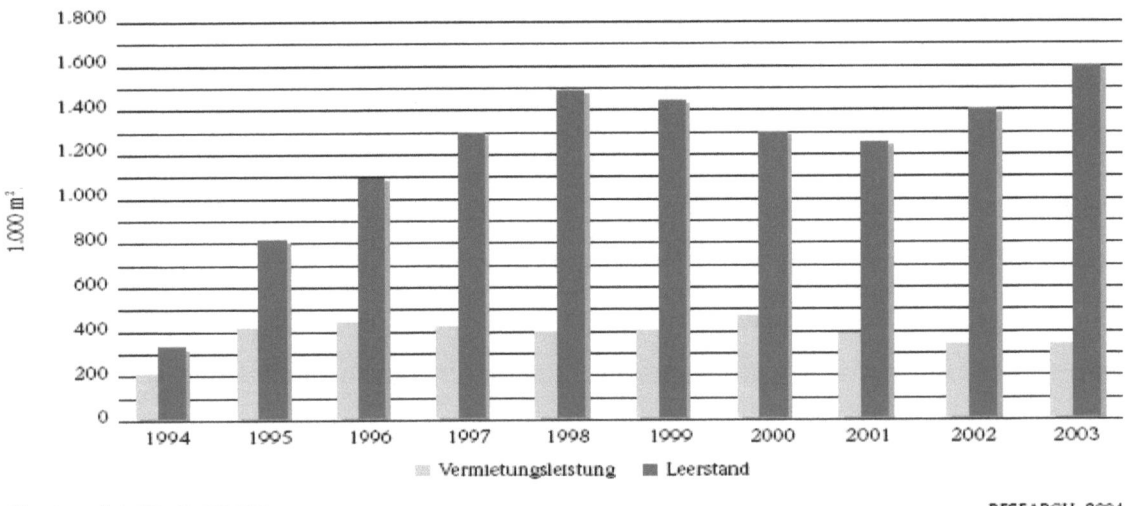

Umsatzangaben ohne Eigennutzer   RESEARCH, 2004

Abb. 5: Vermietungsleistung und Leerstand in m² der Büroflächen in Berlin
Quelle: Degi Marktreport 2004

Dieser große Neuzugang an Büroobjekten hatte auch Auswirkungen auf das Mietpreisniveau. Nach einem Mietpreisanstieg bis 1994 fielen die Quadratmeterpreise für Objekte in Spitzenlagen bis auf 25 €/m² im Jahre 1997 (siehe Abb.6).

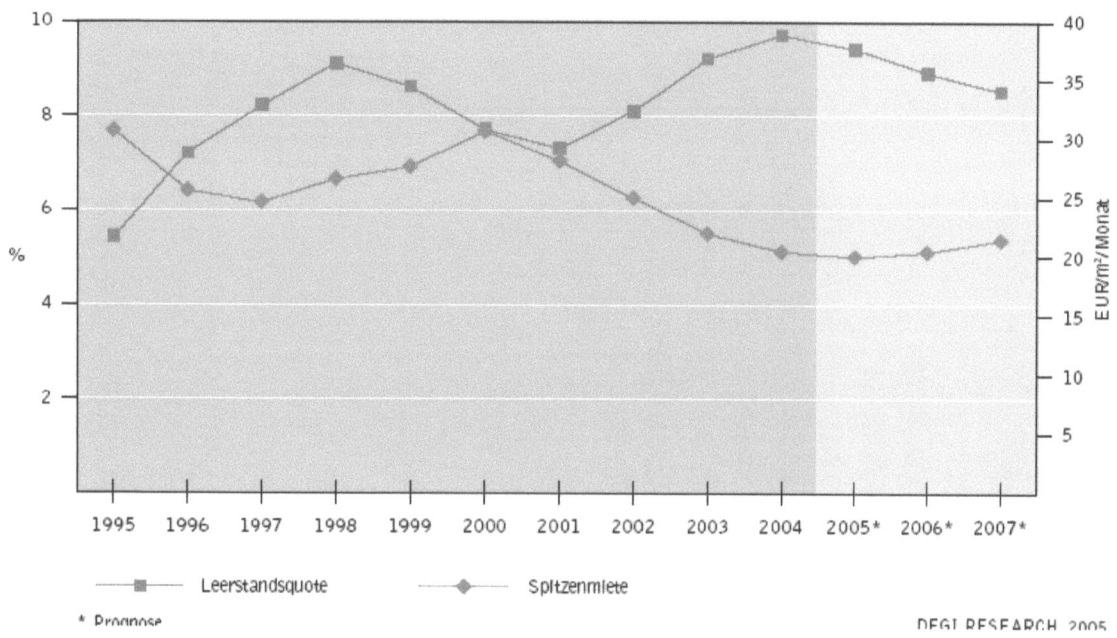

Abb. 6: Leerstandsquote und Spitzenmiete der Bürofläche in Berlin
Quelle: Degi Marktreport 2005

Der Hauptstadteffekt und das Standortprofil[7] der Stadt Berlin führten 1997 und 1998 zu einem Investitionsboom und damit einhergehend auch zu einer regen Neubautätigkeit (siehe Abb.6). Durch anhaltende Fertigstellungen von neuen Büroobjekten und dem seit 1995 stagnierenden Vermietungsvolumen verstärkte sich der Leerstand deutlich (siehe Abb.6 und 7). Diese Leerstände sind in der Regel durch konjunkturelle Gründe und äußerst optimistische Markteinschätzungen und –prognosen zu begründen (vgl. Trumpp, 2005). Der größte Bestand an Leerflächen lag 2003 in der Berliner Ost City und im Bereich Checkpoint Charlie (vgl. Trumpp, 2005). Wie schon beschrieben, werden die Mietpreise durch die Verfügbarkeit an geeigneten Flächen beeinflusst.

Zurzeit liegt der Mietpreis in Spitzenlagen Berlins nach Prognosen der deutschen Gesellschaft für Immobilienfonds bei ca.20 €/m² und wird bis zum Jahre 2007 nur leicht ansteigen (siehe Abb.6).

---

[7] Standortprofil: Agglomerations- und Größenvorteile durch die enge Verflechtung von Berlin, Potsdam und der Umlandgemeinden durch den Autobahnring. Weiterhin besteht durch die 16 Universitäten ein großes Potential an qualifizierten Arbeitskräften. Mit Berlin als Bundeshauptstadt und Potsdam als Landeshauptstadt konzentrieren sich politische Entscheidungsträger in dieser Region. Zudem ergibt sich für Berlin, aufgrund der geographischen Lage, eine Mittlerrolle bei der EU Osterweiterung. Mit dem Ausbau des Flughafens Tegel, dem vorhandenen Schienenverkehr und der guten Autobahnanbindung ergibt sich für die Stadt Berlin eine lückenlose Verkehrsinfrastruktur.   Quelle: HVB Expertise, Berlin, 2001

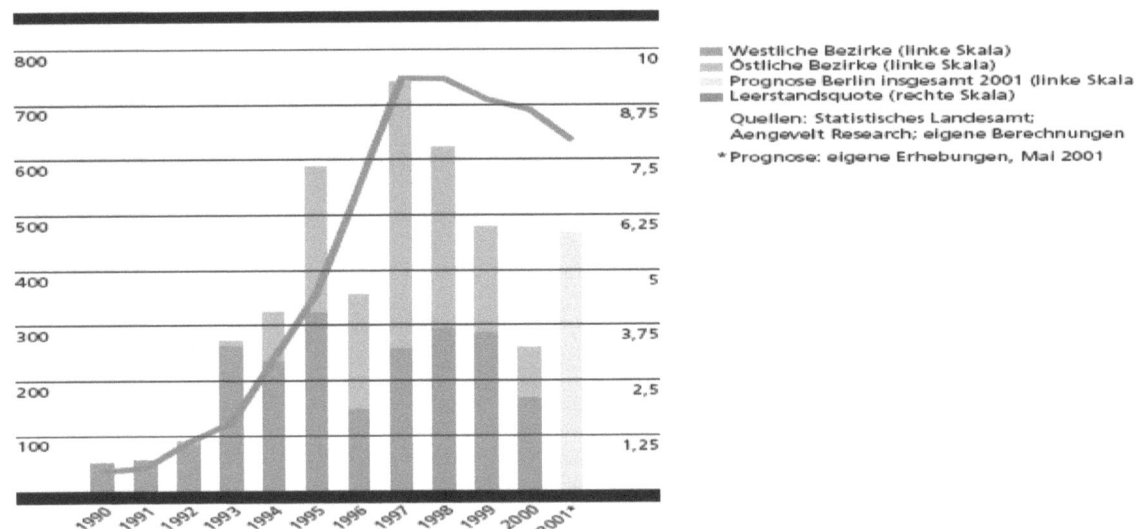

Abb.7: Entwicklung der Bürofertigstellungen 1990 bis 2000, in 1000 m² Nutzfläche und Leerstandsquote in %

Quelle: HVB Expertise, Berlin, 2001

Der Berliner Büroimmobilienmarkt ist heterogen und besitzt bei steigender Nachfrage sehr unterschiedliche Aussichten auf Vermietung, da etwa 30% der ungenutzten Objekte zum Sockelleerstand gerechnet werden und deutliche Mängel in Ausstattung und Lage vorweisen.

7.2 Der Büroimmobilienmarkt in der Beispielstadt Köln

Die Stadt Köln hatte im Jahre 2001 einen Büroflächenbestand von 6,3 Mio. m² und einer Vermietungsleistung von etwa 100.000 m² pro Jahr. Anhand dieser Zahlen lässt sich Köln in die Rubrik der großen Bürostandorte Deutschlands einordnen (vgl. HVB Expertise, Büro Köln, 2001). Im Jahre 2000 verzeichnete der Büromarkt ein Rekordumsatzvolumen mit über 173.000 m² Bürofläche. Neben diesem Rekordumsatzvolumen verzeichnet der Bürostandort Köln eine deutliche Mietpreissteigerung in guten- und Spitzenlagen. Dieser Entwicklung geht ein geringes Fertigstellungsvolumen seit dem Jahr 1995 voraus. Durch die Dynamik des Marktes ist auch eine kontinuierliche Nachfragesteigerung seitens der New Economy und der IT- Branche festzustellen.

Anhand der Abbildung 7 wird deutlich, dass in den Jahren 1991 – 1994 ein Bauboom einsetzte, welcher im Jahre 1993 mit einer Fertigstellung von 178.500 m² Bürofläche den Höhepunkt erreichte. In den folgenden Jahren pendelte sich das Fertigstellungs- volumen um die 40.000 m² pro Jahr ein.

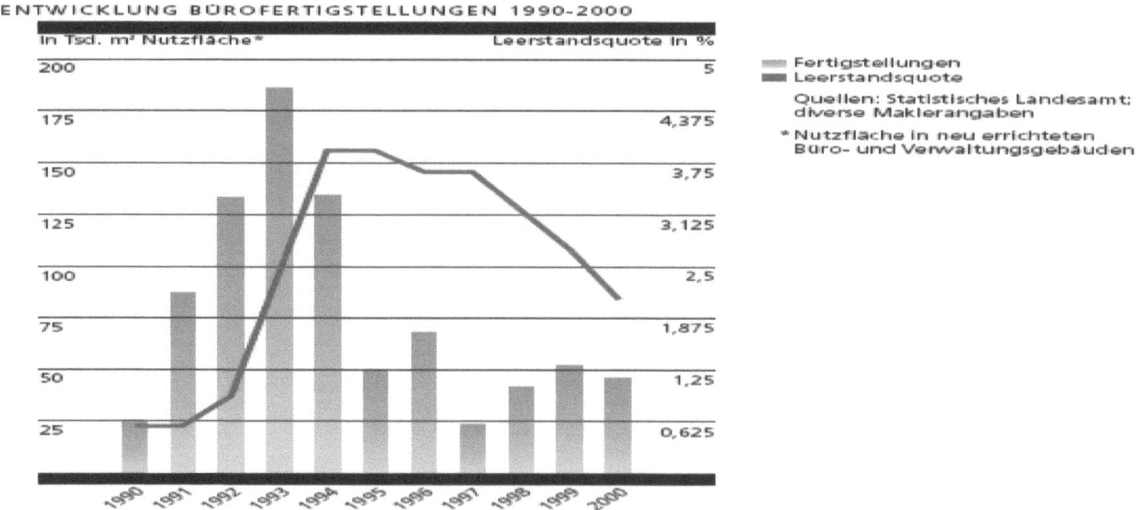

Abb.8: Bürofertigstellungen und Leerstandsquote von 1990 bis 2000 in Köln   Quelle: HVB Expertise, Büro Köln, 2001

Da das Fertigstellungsvolumen und die Angebotsreserven in Köln gering waren, sank die Leerstandsquote in Köln bis auf 2,1%. Engpässe an geeigneten Büroflächen wa- ren die Folge, welche Ansiedlungen von großflächigen Unternehmen verhinderten.

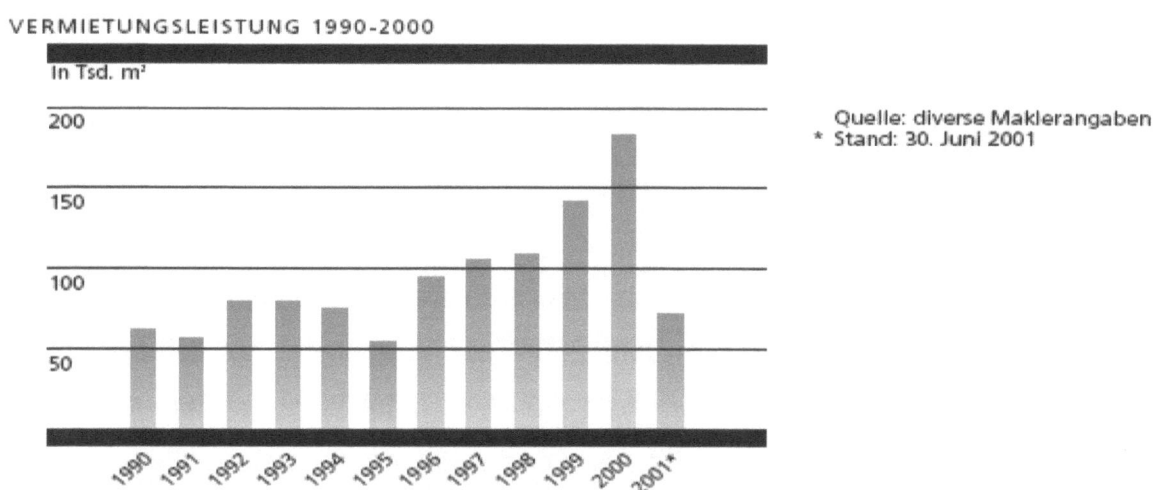

Abb.9: Vermietungsleistung im Büromarkt Köln von 1990 bis 2001   Quelle: HVB Expertise, Büro Köln, 2001

Insgesamt ist der Büromarkt durch seine heterogene Branchenstruktur sehr stabil und weist im Bundesvergleich noch eine relativ geringe Leerstandsquote auf, welche jedoch nach Aussagen des „Degi Marktreports" von 2005 zukünftig durch eine geringe Flächenabsorption und einer großen Anzahl von Neubauten steigen wird.

Für das Jahr 2005 wird mit einer Leerstandsquote von ca. 8% gerechnet, welche im Vergleich zum Jahr 2003 ein Anstieg von 2% bedeuten würde (vgl. Degi Marktreport, 2005). Diese steigenden Leerstände üben, wie auch die steigenden Untermietflächen und Mietfreiheiten, Druck auf die Mietpreisentwicklung aus.

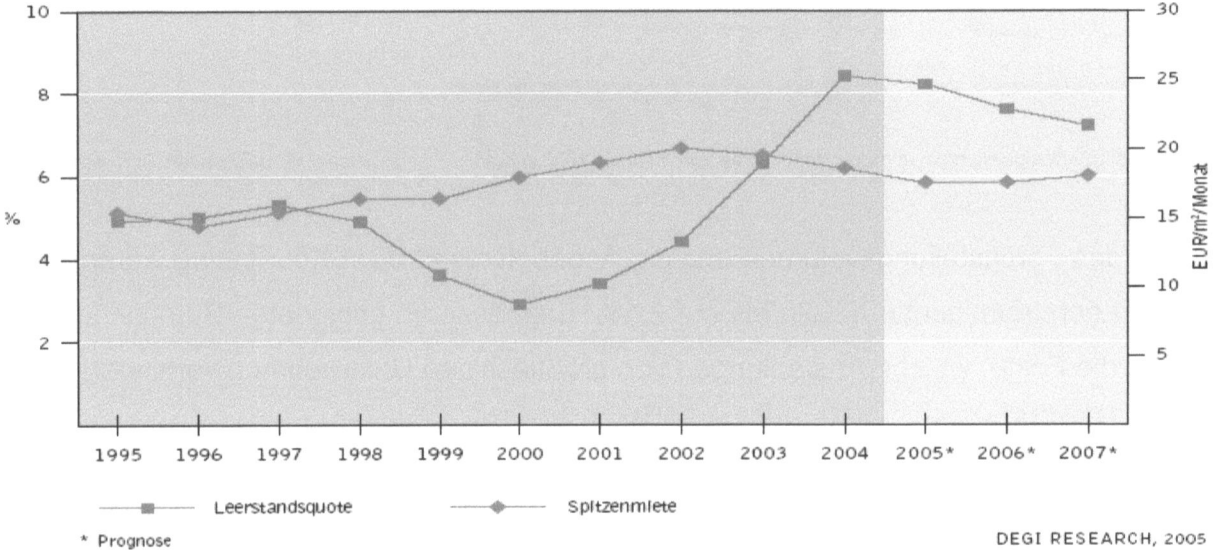

Abb. 10: Leerstandsquote und Spitzenmiete für den Kölner Büromarkt
Quelle: Degi Marktreport 2005

Anhand der Abbildung 10 wird deutlich, dass sich die Leerstandsquote, nach ihrem Tiefststand im Jahr 2000, bis zum Jahr 2004 fast verdreifacht hat. Dieser Anstieg lässt sich durch den Fertigstellungsrekord aus dem Jahre 2003 mit 260.000 m² und der hohen Anzahl an unsanierten Flächen in der Kölner Innenstadt erklären (vgl. Degi Marktreport 2005).

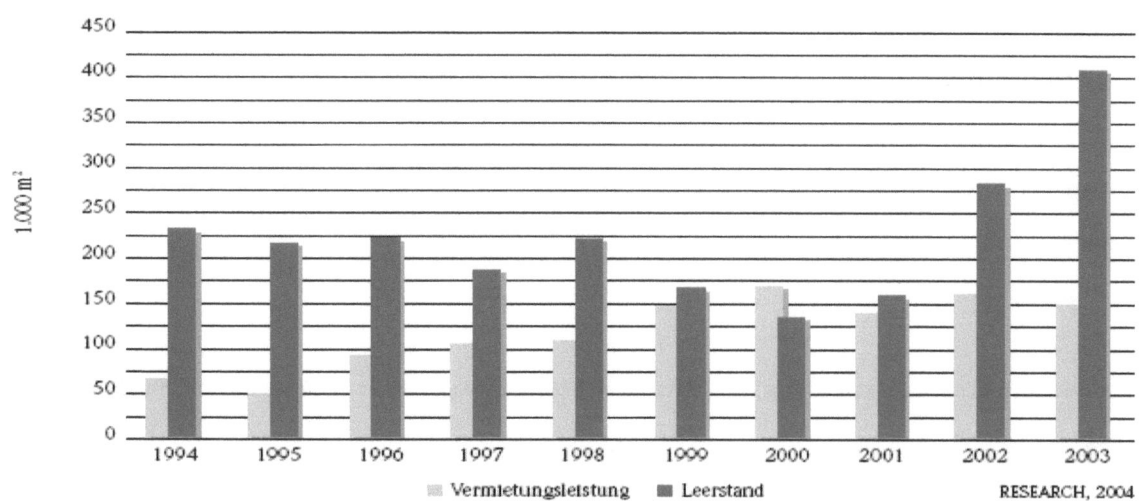

Abb. 11: Vermietungsleistung und Leerstand in m² von Büroflächen der Stadt Köln
Quelle: Degi Research 2004

Als Folge daraus ergibt sich auch ein abfallen der Mietpreise von 20 €/m² im Jahre 2002 auf 18 € /m² im Jahr 2004. Die deutsche Gesellschaft für Immobilienfonds prognostiziert für die Jahre 2005 bis 2007 einen Rückgang der Leerstandsquote und eine nahezu unveränderte Spitzenmiete.

Die Vermietungsleistung[8] von Büroflächen bleibt gegenüber den Leerständen seit 1999 annähernd stabil bei 150 000 m² pro Jahr. Viele Verträge werden jedoch nur zum Flächentausch abgeschlossen, um so Flächen- und Kostenvorteile zu erzielen.

7.3 Der Büroimmobilienmarkt in der Beispielstadt München

Der Büromarkt in München ist aufgrund seines Gesamtflächenbestandes von ca. 15 Mio. m² der zweitgrößte Büromarkt in Deutschland. Der Markt wird vorwiegend durch den wirtschaftlichen Aufschwung belebt. Die Stadt München zeichnet sich als einer der bundesweit führenden Standorte für Versicherungs- und Finanzdienstleister,

---

[8] Zur Vermietungsleistung gehören die Flächen sämtlicher Vermietungsabschlüsse, die in einem genau umrissenen und beschriebenen Teilmarkt für Büroimmobilien innerhalb einer definierten Zeiteinheit getätigt worden sind.   Quelle: Deka Immobilien Glossar

25

Technologie und Medienunternehmen aus. Seit Ende der 90er Jahre sorgt eine ansteigende Nachfrage bei einer gleichzeitig geringen Fertigstellung von neuen Büroflächen zu einer Verknappung moderner und großflächiger Büroflächen (vgl. HVB Expertise, Büro München, 2001).

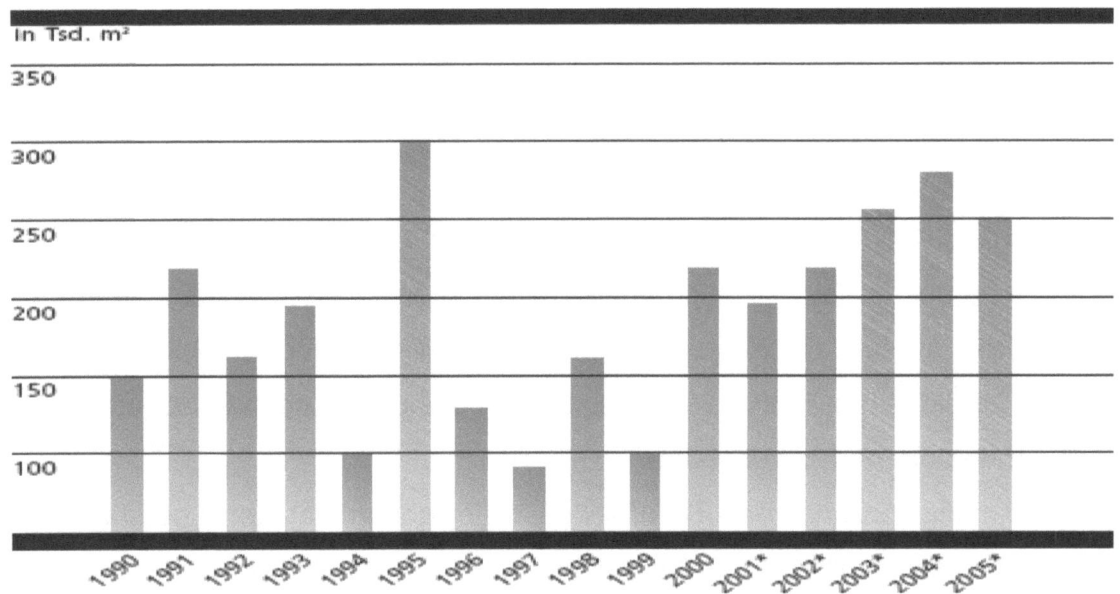

Abb. 12: Bürofertigstellungen in der Stadt München 1990 - 2000 und Prognose bis 2005
Quelle: HVB Expertise, Büro München, 2001   * Prognose

Anhand der Abbildung 12 wird deutlich, dass es in der Stadt München nach der geringen fertig gestellten Bürofläche im Jahr 1999 zu einem Anstieg der Neuflächen im Jahr 2000 kam. Prognosen der HVB Expertise sahen einen weiteren Anstieg dieser Flächen vor, so dass sich das Gesamtvolumen an Büroflächen deutlich erhöhte und vor allem modernisierte. Bei der gegebenen Nachfrage wurde der Großteil aller Flächen vermietet oder verkauft, so dass die Leerstandsquote seit Mitte der Neunziger Jahre bis zum Tiefststand im Jahr 2000 immer weiter gesunken ist. Als Ursache ist die hohe Nachfrage zu nennen, welche zum dem Zeitpunkt deutlich über dem Neubauvolumen lag.

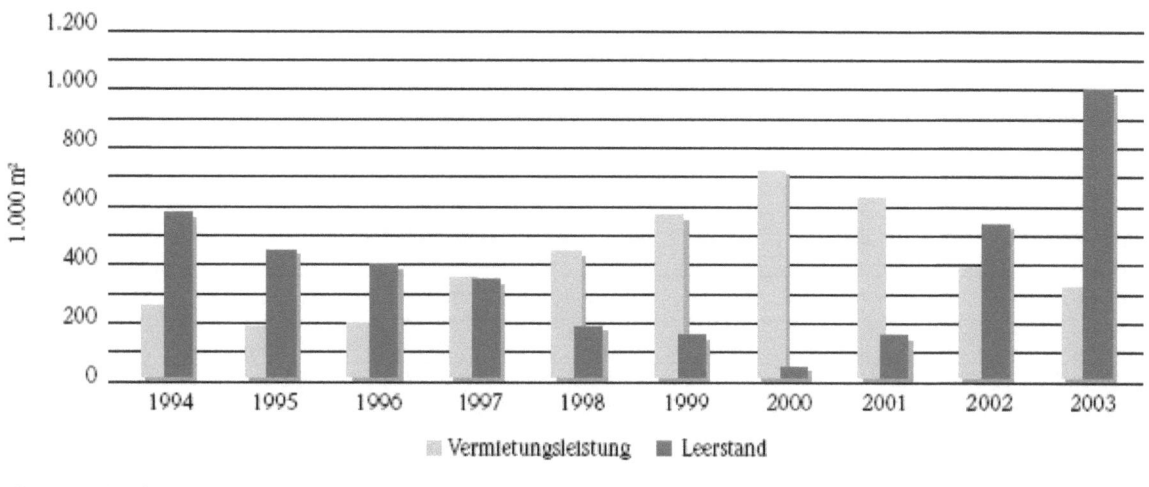

Stadtgebiet ohne Umland

RESEARCH, 2004

Abb. 13: Vermietungsleistung und Leerstand der Büroflächen in der Stadt München
Quelle: Degi Marktreport 2004

Die Leerstandsquote von unter einem Prozent (siehe Abb. 13) lässt jedoch darauf schließen, dass für diesen Zeitraum die notwendigen Flächenreserven nicht mehr vorhanden waren.

Diese Flächenreserven sind jedoch notwendig, um bei einer steigenden Nachfrage reagieren zu können und dem Unternehmen Flächen anzubieten.

Anhand der Abbildung 13 lässt sich erkennen, dass durch die Angebotsausweitung an Büroflächen die Leerstandsfläche immer weiter angestiegen ist. Die Nachfrager konzentrieren sich jedoch auf die Neuflächen, welche vorwiegend in zentralen und sich etablierenden Lagen entstanden sind. Objekte mit ungenügender Bau- und Grundrissqualität und Infrastruktur können demgegenüber nur noch schwer vermietet werden (vgl. HVB Expertise, München, 2001). Erschwerend kommt dieser Tatsache hinzu, dass die Vermietungsleistung in den Jahren nach 2000 weiter sinkt. Nach dem Vermietungshöchststand vom Jahre 2000 mit über 700.000 m², wurden im Jahre 2003 nur noch ca. 50% an Vermietungsfläche erzielt (siehe Abb. 13). Als Begründung für diesen Vermietungsrückgang können unerfüllte Umsatzerwartungen, sowie eine vorsichtige Vorgehensweise seitens der Hauptmietergruppe aus dem Bereich der „New Economy" herangezogen werden. „Die Mieter aus der „New Economy" agieren zunehmend vorsichtig.

Die Zurückhaltung von Unternehmen aus den USA, die weitere Anmietungen von der zu erwartenden Auftragssituation abhängig machen, kann als weiterer Grund genannt werden, weshalb die Flächennachfrage aus diesen Branchen rückläufig ist" (vgl. HVB Expertise, München, 2001).

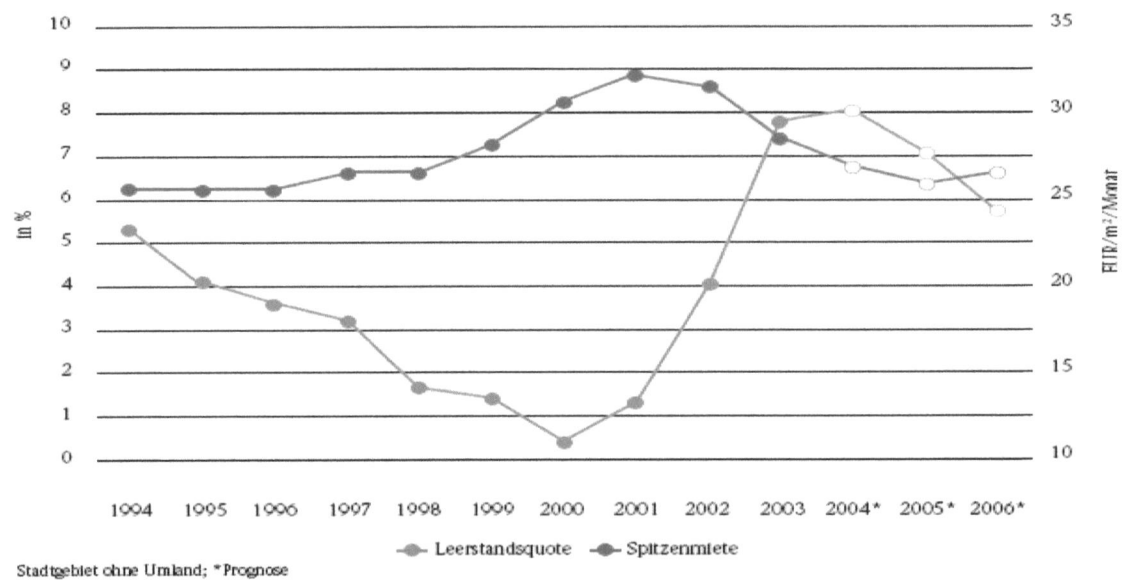

Stadtgebiet ohne Umland; *Prognose

Abb. 14: Leerstandsquote und Spitzenmiete in München
Quelle: Degi Marktreport 2004

Dieser Nachfragerückgang sorgt wie auch der daraus resultierende Leerstand für eine rückläufige Entwicklung bei den Mietpreisen. Die Abbildung 14 zeigt die Leerstandsquoten- und Spitzenmietenentwicklung von 1994 bis 2003 in Stadt München auf. Es wird deutlich, dass aus dem Nachfrageüberhang im Jahr 2000 einen Höchststand der Spitzenmiete mit 33 €/m² resultiert (vgl. Degi Marktreport, 2004). Nach Angaben der HVB Expertise wurden im Jahre 2001 vereinzelt auch Verträge zu höheren Preisen abgeschlossen. Durch die Ausweitung des Flächenangebotes und der rückläufigen Nachfrage stieg der Leerstand deutlich an. Bis zum Jahre 2003 wuchs die Leerstandsquote von unter 1% (2000) auf ca. 8% an. Folglich wurden auch die Mietpreise in Spitzenlagen geringer. 2003 wurden für einen Quadratmeter in Toplagen 5 € weniger verlangt, als im Jahre 2001 (siehe Abbildung 14).

Für die Jahre 2004 bis 2006 wurden vom Verfasser der Abbildung 14, der deutschen Gesellschaft für Immobilienfonds, Prognosen erstellt, welche eine Trendwende vorsehen. Die Leerstandsquote wird nach diesen Angaben von über 8% (2004) auf unter 6% (2006) fallen.

28

Demgegenüber wird der Mietpreis im Jahre 2005 seinen Tiefststand mit ca. 25,50 €/m² erreichen und sich im Jahre 2006 wieder leicht erhöhen. Diese Prognosen sollten jedoch kritisch hinterfragt werden, da davon auszugehen ist, dass diese Vorhersagen anhand des idealisierten Marktzyklus deutscher Büroimmobilienmärkte (vgl. Anhang 3) erstellt wurden.

8. Fazit

Zusammenfassend lässt sich sagen, dass sowohl im Einzelhandel, als auch im Büromarkt konjunkturelle Schwankungen zu erkennen sind. Diese allgemeinen Konjunkturzyklen beeinflussen beidseitig den Immobilienmarkt. Nachfrager und Anbieter entscheiden oft aus konjunkturbedingten Gründen. In allen drei Beispielstädten erhöhten sich die Leerstandsflächen im Einzelhandel und im Büromarkt, welche sich vorwiegend durch große Bauaktivitäten, zu hohe Mietpreise, geringem Umsatz und immer verhaltenere Nachfrage begründen lassen.

Auffällig ist jedoch, dass der steigende Leerstand in allen Städten zwar zeitlich differiert, aber jedoch durch einen großen Neuzugang an Flächen hervorgerufen wurde. Zu optimistische Prognosen und Spekulationen sind in vielen Fällen die Basis für neue Flächen. Aufgrund des zeitlichen Unterschieds zwischen Planung und Fertigstellung können sich Markt- und Nachfragelagen geändert haben, so dass eine Vermietung nicht zwangsläufig garantiert ist.

Zu niedrige und zu hohe Leerstandsquoten sind für den Immobilienmarkt nicht gerade optimal, da zum Einen nicht alle potentiellen Nachfrager sich am Standort ansiedeln können und zum Anderen die Anbieter ihre Flächen nicht vermieten können und somit ihre Objekte nicht refinanzieren können, da der Mietpreis sinkt oder die Fläche ungenutzt bleibt. Die Entwicklung des Mietpreises ist in der Regel auch ein Indikator für die Attraktivität eines Immobilienmarktes. Anhand der Spitzenmieten in den Beispielstädten kann ein Rückschluss auf die Attraktivität des Immobilienmarktes im bundesdeutschen Vergleich gezogen werden.

Um nun einen Bezug zum Seminar herzustellen, lässt sich sagen, dass auch im Innenstadtbereich der Stadt Melle Leerstände vorhanden sind. Diese haben viele Ursachen, einerseits zieht das große Edeka Einkaufszentrum im Stadtteil Gerden mit den dortigen Agglomerationen einen Teil der Passanten und damit einhergehend auch die Kaufkraft aus der Innenstadt ab, andererseits ist bei bestimmten Einzelhändlern auch die Nachfolge ungeklärt oder sie sperren sich gegen evtl. notwendige Modernisierungsmaßnahmen, damit sie ihr Gebäude vermieten können.

Literatur

1. BBE Beratung (http://www.bbeberatung.com/bbe_neu/index.html) abgerufen am 15.12.2005

2. Deka Immobilien Glossar

    (http://www.deka-immobilien.de/di/search/wsp) abgerufen am 20.05.2005

3. Deutsche Gesellschaft für Immobilienfonds (Degi), Marktreport 2003

    (http://www.degi.de/) abgerufen am 20.05.2005

4. Deutsche Gesellschaft für Immobilienfonds (Degi), Marktreport 2004

    (http://www.degi.de/) abgerufen am 20.05.2005

5. Deutsche Gesellschaft für Immobilienfonds (Degi), Marktreport 2005

    (http://www.degi.de/) abgerufen am 20.05.2005

6. Diederichs, Claus, Jürgen, 1996: Grundlagen der Projektentwicklung. In: Schulte, Karl, Werner (Hrsg.) unter Mitarbeit von Bernd Heuer und Stephan Bone – Winkel: Handbuch Immobilien-Projektentwicklung. Köln: Müller S.15-80

7. Höhlich, Hildegard und Heuer, Bernd, 2005: Die demografische Entwicklung und die Folgen für Standorte und Handelsimmobilien

8. HVB Expertise August 2004

    (www.hvbexpertise.de) abgerufen am 20.05.2005

9. HVB Expertise, Berlin, 1998: Marktanalysen und –prognosen für Immobilien in Deutschland. (www.hvbexpertise.de) abgerufen am 20.05.2005

10. HVB Expertise; Berlin; 2001: Immobilienmarktanalyse Einzelhandel / Büroimmobilien. (www.hvbexpertise.de) abgerufen am 20.05.2005

11. HVB Expertise, München, 2001: Immobilienmarktanalyse Einzelhandel / Büroimmobilien. (www.hvbexpertise.de) abgerufen am 20.05.2005

12. HVB Expertise; Köln, 2001: Immobilienmarktanalyse Büroimmobilien.
    (www.hvbexpertise.de) abgerufen am 20.05.2005

13. Immobilien Manager 12/04
    (www.immobilienmanager.de) abgerufen am 20.05.2005

14. Kemper´s Marktreport, 2004.
    (www.koeln.de) und (www.kempers.net) abgerufen am 15.12.2005

15. Münchener Wirtschaftsbericht 2004
    (http://www.wirtschaft-muenchen.de/publikationen/pdfs/jwb2004.pdf

16. Schauer Immobilien – Immobilienmarkt Bericht München 2005/ 2006
    (www.schauer-immobilien.de) abgerufen am 20.05.2005

17. Trumpp, Andreas, 2005: Leerstand von Büroimmobilien: Struktur sowie
    Strategien ausgewählter Büromarktakteure untersucht am Beispiel der
    Friedrichstraße in Berlin. Abt. Angewandte Stadtgeographie,
    Inst. Für Geowissenschaften, Bayreuth

Anhang

Anhang1: Einzelhandelslagen in Berlin

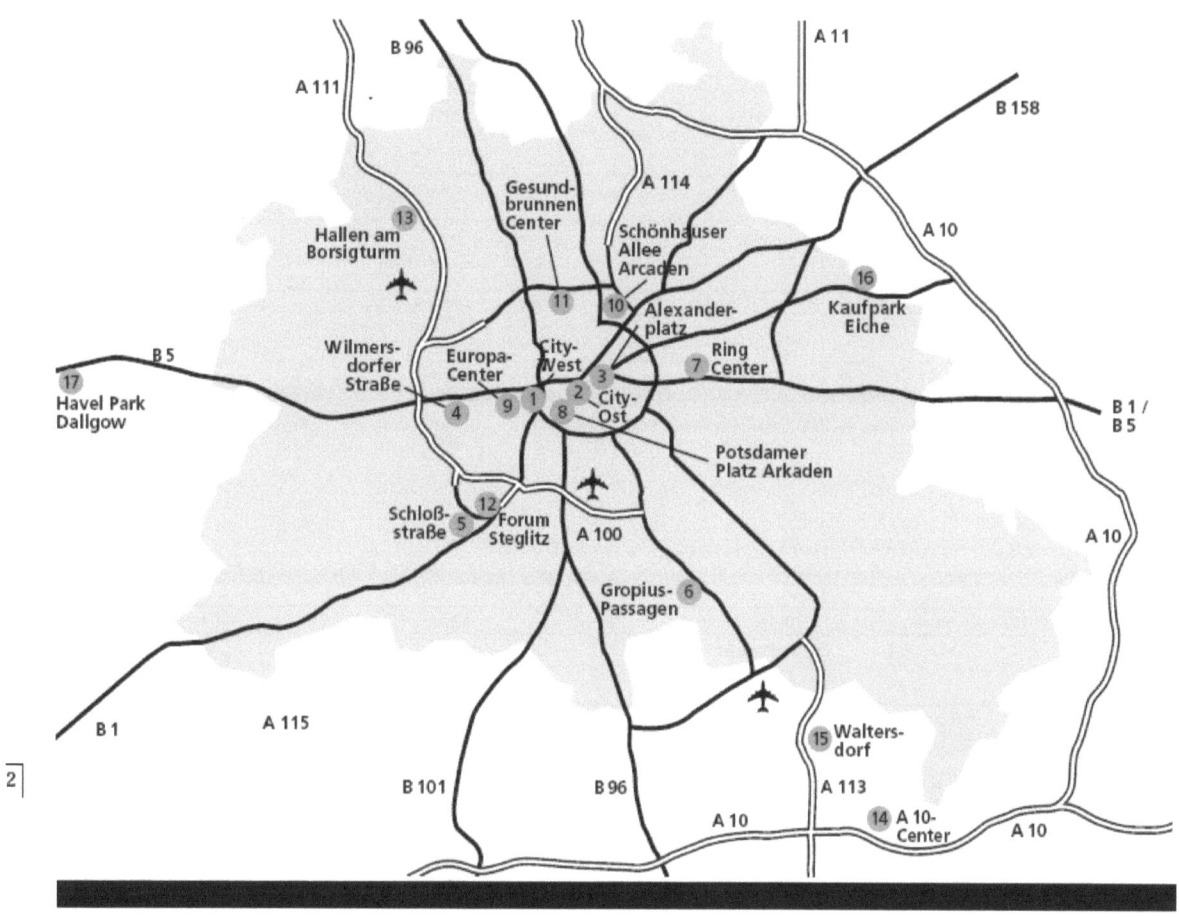

2

ZENTRUMSBEREICH UND HAUPTZENTREN IM STADTGEBIET

Nr. in Karte	Einzelhandelslage	Einzelhandels-verkaufsfläche[12]	Passantenfrequenz pro Stunde[13]	Ankermieter
Zentrumsbereich				
1	City-West Kurfürstendamm/ Tauentzienstraße	ca. 215 000 m²	bis zu 8 683	KaDeWe, P & C, Wertheim, Nike Town, H & M
2	City-Ost Friedrichstraße	ca. 45 000 m²	bis zu 1 965	Galeries Lafayette, Hugendubel
3	Alexanderplatz	ca. 56 000 m²	bis zu 3 450[14]	Kaufhof, Saturn Hansa
Hauptzentren				
4	Wilmersdorfer Straße	ca. 62 000 m²	bis zu 5 700	Karstadt, P & C, Leffers, C & A
5	Schloßstraße	ca. 100 000 m²	bis zu 5 000	Wertheim, P & C, Karstadt, C & A etc.

Nr. in Karte	Einzelhandelslage	Eigentümer	Eröffnung	Gesamtfläche	Passanten-frequenz pro Tag	Ankermieter
6	Gropius-Passagen	HFS	1969	ca. 80 000 m²	55 000	Kaufland, Woolworth, MediaMarkt, P & C, Adler
7	Ring Center	GIMO mbH & Co. KG	1995/1997	ca. 43 000 m²	28 000	Real, Kaufland, Pro Markt, Spiele Max
8	Potsdamer Platz Arkaden	DaimlerChrysler	1998	ca. 35 000 m²	60 000	Wöhrl, Saturn, Giacomelli Sport, Hugendubel
9	Europa-Center	Karl Pepper	1965	ca. 32 000 m²	bis zu 30 000	Edeka
10	Schönhauser Allee Arcaden	Bayern Fonds	1999	ca. 31 000 m²	20 000	Medi Max, Kiepert Buchhandlung, Kaisers
11	Gesundbrunnen Center	IKG Dr. Mühl-häuser + Co.	1997	ca. 30 000 m²	30 000	Pro Markt, Real, H & M, Spiele Max
12	Forum Steglitz	Hammerson	1970	ca. 30 000 m²	30 000	Schaulandt, Quelle Techn. Kaufhaus, Karstadt Sport
13	Hallen am Borsigturm	DEGI	1999	ca. 28 000 m²	21 000	Real, Media Markt, H & M, Voswinkel Sportartikel

ᵇ Quellen: Eigene Recherchen; Shopping-Center Report 2000; Eurohandelsinstitut Köln 2000

SHOPPING- UND FACHMARKTAGGLOMERATION IM UMLAND[16]

Nr. in Karte	Einzelhandelslage	Eigentümer	Eröffnung	Gesamtfläche	Frequenz pro Tag	Ankermieter
14	Waltersdorf	div. Eigentümer	1993	ca. 90 000 m²	k. A.	Ikea, Teppich Kibek, Toys'R'Us, Metro
15	A 10-Center	A 10 Einkaufs-zentrum	1996	ca. 107 000 m²	bis zu 30 000	Mega Möbel, Karstadt Sport, Real, Castorama
16	Kaufpark Eiche	Lidl & Schwarz	1994	ca. 58 000 m²	30 000	Kaufland, Adler, Pro Markt, Toys'R'Us
17	Havel Park Dallgow	Lidl & Schwarz	1995	ca. 52 000 m²	21 000	Kaufland, Pflanzen Kölle, Uni Polster, Pro Markt, Hauser Baumarkt

ᵇ Quellen: Eigene Recherchen; Shopping-Center Report 2000; Eurohandelsinstitut Köln 2000

Quelle: HVB Expertise, 2001, Berlin, Einzelhandel

Anhang 2: Bedeutende Einzelhandelslagen in München

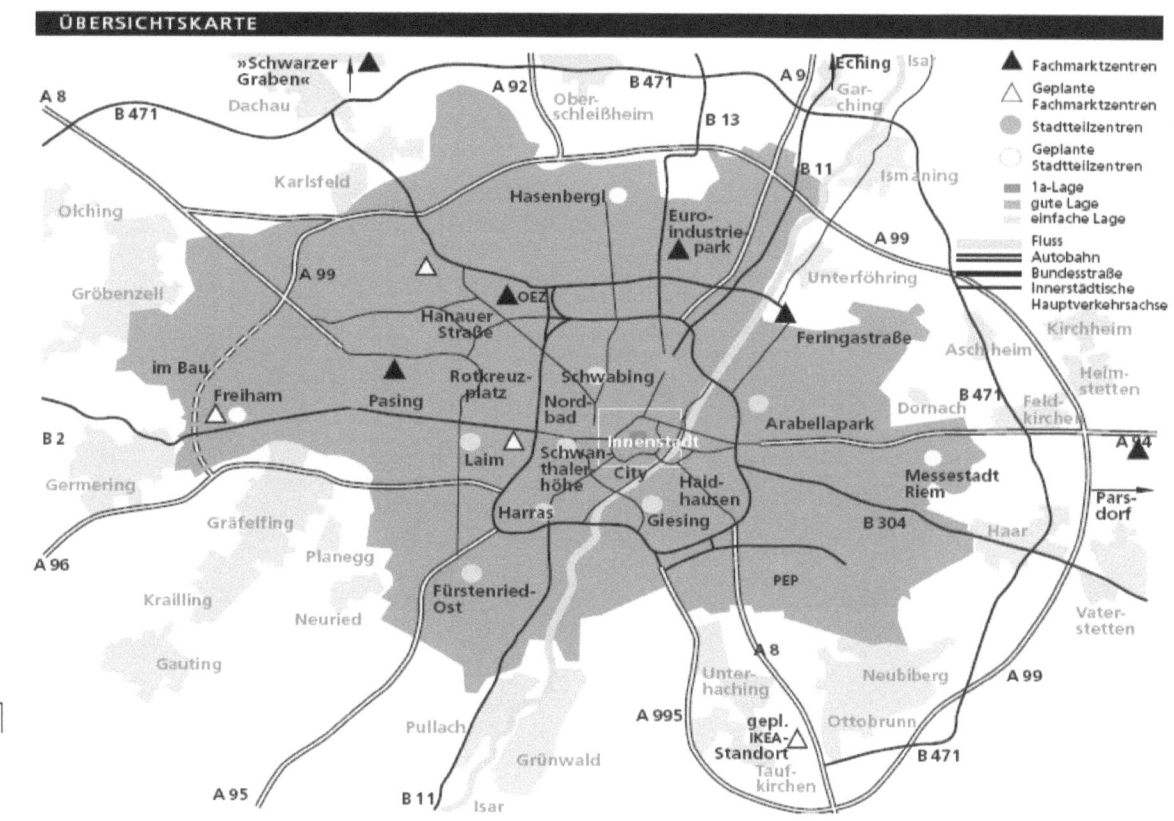

BEDEUTENDE EINZELHANDELSLAGEN/-ZENTREN IN MÜNCHEN UND UMLAND

ALTSTADT/CITY

Zentrum	Straße	Lage	Ankermieter
Altstadt/City	Neuhauser Straße/ Karlsplatz (Stachus)	1a-Konsumlage	Karstadt Oberpollinger, Karstadt Sport, Hettlage, Saturn, Hugendubel, Obletter, Douglas, H & M
Altstadt/City	Kaufingerstraße	1a-Konsumlage	Galeria Kaufhof, C & A, H & M, Douglas, Hallhuber, GAP
Altstadt/City	Marienplatz/Rosenstraße/ Weinstraße	1a-Konsumlage	Ludwig Beck, Galeria Kaufhof, Hugendubel, Wormland, Hallhuber, Sport Schuster, Kaut-Bullinger, Salamander, Sport Menzinger, Orsay
Altstadt/City	Sendlinger Straße	1b-Konsumlage	Modehaus Konen, Sport Scheck, Bekleidungshaus Wöhrl, More & More, Kookai, Bree, Weltbild Plus
Altstadt/City	Schützenstraße	1b-Konsumlage	Hertie, Vitalia Reformhaus, Nordsee, allaboutwine, WMF, Biebl, Tretter, T-Punkt, Pat's Boutique, Fielmann
Altstadt/City	Maximilianstraße/ Perusastraße	1a-Luxuslage	Louis Vuitton, Versace, Cerrutti, Moshammer, Etienne Aigner, Thomas, Burberry's, Bartu, Tiffany
Altstadt/City	Theatinerstraße/ Schäfflerhof/ »Fünf Höfe«/ Weinstraße/	1a-Niveaulage	Modehaus Maendler, Escada, Zara, Stefanel, Marc O'Polo, Max Mara, Glenfield, Strenesse, Donna Karan, Theresa, Toni Gard, Cerrutti, Karins, Virmani, Ermenegildo Zegna, Rodier, Georges Rech, Tretter, Bang & Olufsen, WMF, Mühlhäuser
Altstadt/City	Dienerstraße/ Residenzstraße	1b-Niveaulage	Ludwig Beck, Dallmayr, Rosenthal, Bogner Sportmoden, Van Laack, Marlboro Classics
Altstadt/City	Briennerstraße	1b-Niveaulage	Versace, Rena Lange, Zepter, Michaela Frey, Zimmermann, LH van Heen, Marktex, Kunstring
Altstadt/City	Tal	Nebenlage	Böhmler im Tal, Müller Drogeriekaufhaus, Conrad Electronic, Fielmann
Altstadt/City	Sonnenstraße	Nebenlage	Kaufhof Galeria, WOM, Quelle Technik Center, Pat's Boutique, Sauter Foto, Segmüller Polstermöbel, Ulla Popken

Quelle: HVB Expertise, München, 2001

Anhang 3: Idealisierter Marktzyklus deutscher Büroimmobilienmärkte

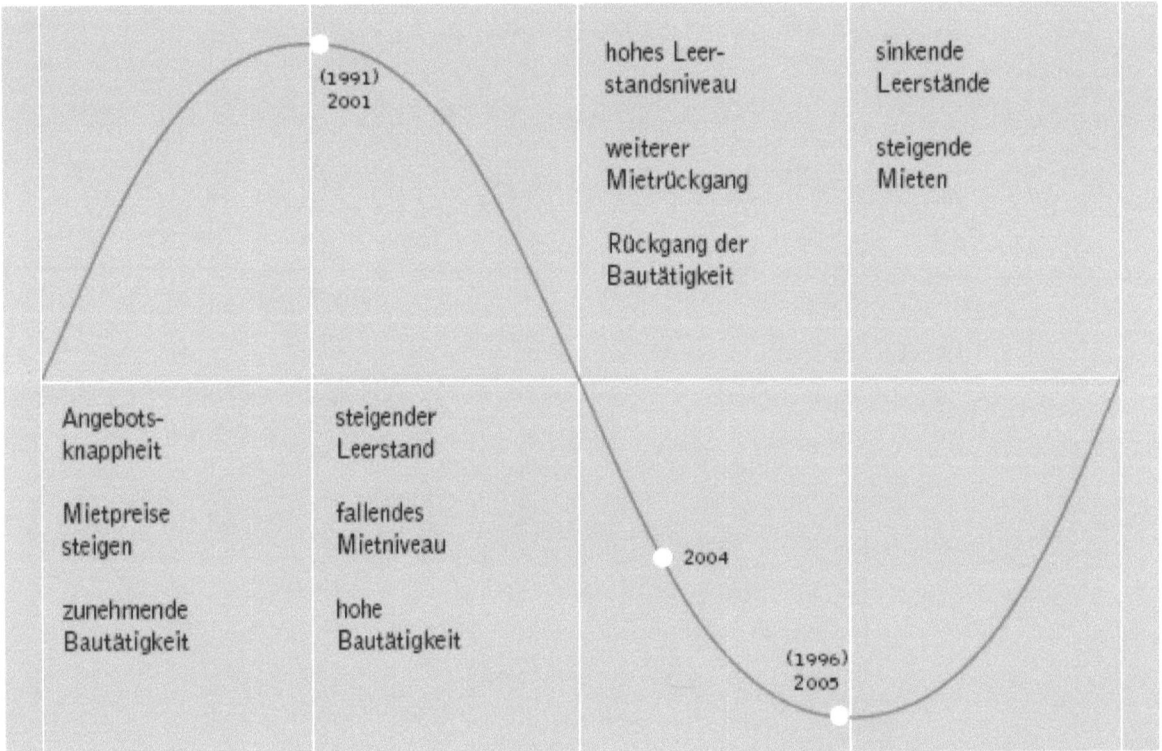

Quelle: Degi Marktreport 2005

Anhang 4 : Immobilienlebenszyklus

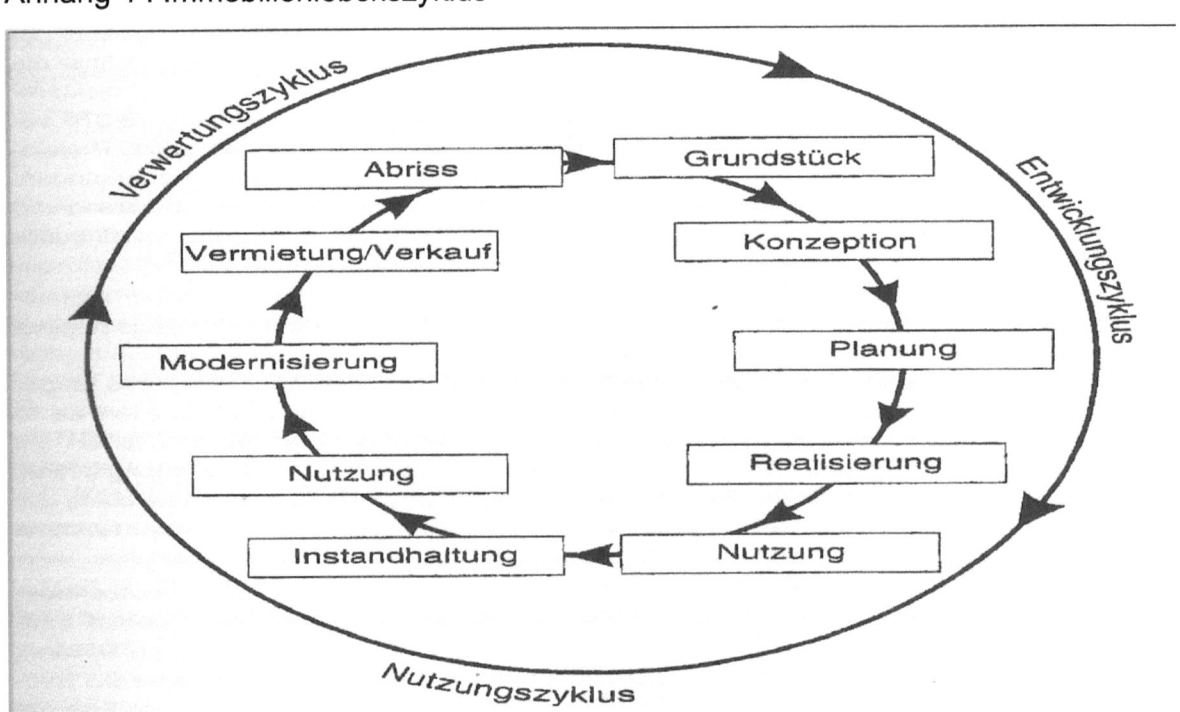

Quelle: Trumpp, 2005

Anhang 5: Bürolagen in Berlin

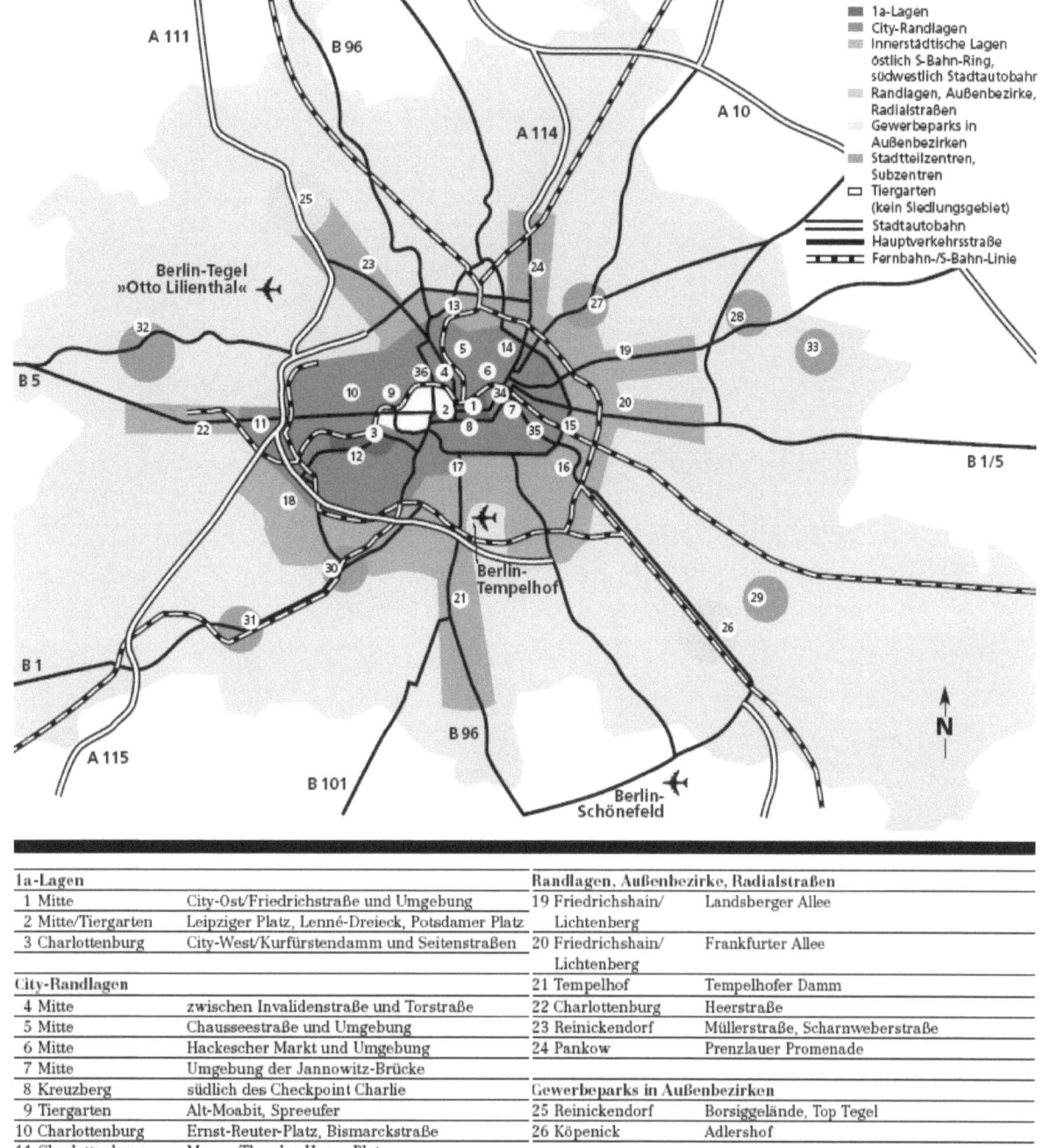

1a-Lagen

1 Mitte	City-Ost/Friedrichstraße und Umgebung	
2 Mitte/Tiergarten	Leipziger Platz, Lenné-Dreieck, Potsdamer Platz	
3 Charlottenburg	City-West/Kurfürstendamm und Seitenstraßen	

City-Randlagen

4 Mitte	zwischen Invalidenstraße und Torstraße
5 Mitte	Chausseestraße und Umgebung
6 Mitte	Hackescher Markt und Umgebung
7 Mitte	Umgebung der Jannowitz-Brücke
8 Kreuzberg	südlich des Checkpoint Charlie
9 Tiergarten	Alt-Moabit, Spreeufer
10 Charlottenburg	Ernst-Reuter-Platz, Bismarckstraße
11 Charlottenburg	Messe, Theodor-Heuss-Platz
12 Wilmersdorf, Schöneberg	Bürobauten entlang der Radialen

Innerstädtische Lagen östlich S-Bahn-Ring, südwestlich Stadtautobahn

13 Wedding	Bernauer Straße, Badstraße
14 Prenzlauer Berg	Prenzlauer Allee, Storkower Straße
15 Friedrichshain	Oberbaum-City
16 Treptow	Treptower und Twintowers
17 Kreuzberg	Büronutzung in urbaner Mischung
18 Wilmersdorf, Schöneberg	kleinteilige Büronutzung in urbaner Mischung, größere Büroobjekte an den Radialen

Randlagen, Außenbezirke, Radialstraßen

19 Friedrichshain/ Lichtenberg	Landsberger Allee
20 Friedrichshain/ Lichtenberg	Frankfurter Allee
21 Tempelhof	Tempelhofer Damm
22 Charlottenburg	Heerstraße
23 Reinickendorf	Müllerstraße, Scharnweberstraße
24 Pankow	Prenzlauer Promenade

Gewerbeparks in Außenbezirken

25 Reinickendorf	Borsiggelände, Top Tegel
26 Köpenick	Adlershof

Stadtteilzentren, Subzentren

27 Weissensee	Berliner Allee
28 Marzahn	Marzahner Promenade
29 Köpenick	Altstadt
30 Steglitz	Schloßstraße und Umgebung
31 Zehlendorf	Berliner Straße
32 Spandau	Altstadt
33 Hellersdorf	Helle Mitte

Entwicklungspotenziale

34 Mitte	Alexanderplatz
35 Mitte/ Friedrichshain	Ostbahnhof, Holzmarktufer
36 Tiergarten	Lehrter Bahnhof und Umgebung

Quelle: HVB Expertise, 2001, Berlin ; Büro

Anhang 6: Bürostandorte in München

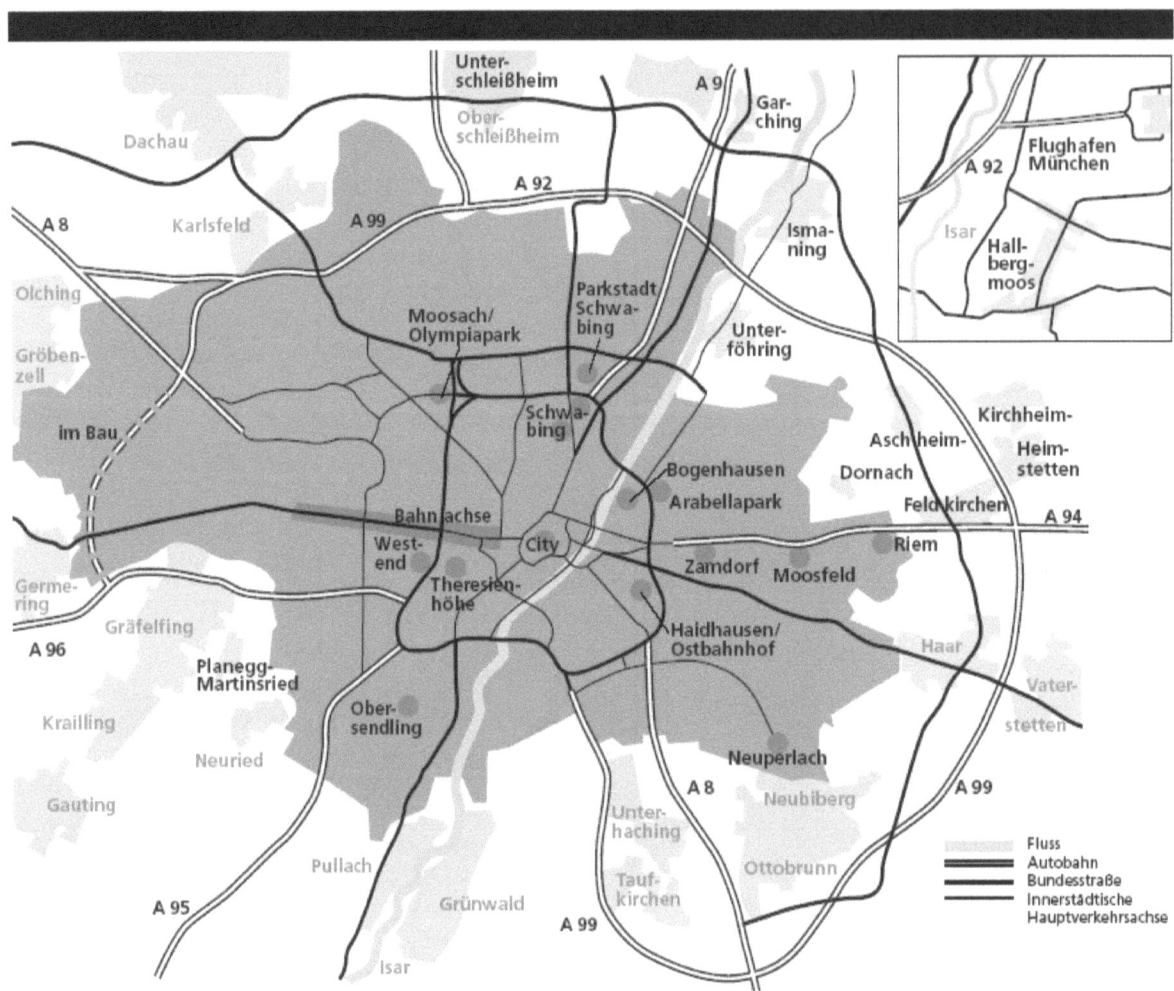

Quelle: HVB Expertise, 2001, München, Büro